高等职业教育土建类“十四五”规划**“互联网+”**创新系列教材

公路工程概预算编制

GONGLU GONGCHENG GAIYUSUAN BIANZHI

主　编　艾　冰　肖　颜

主　审　王　康　李利君

中南大学出版社
www.csupress.com.cn

内容提要

本书内容分为**技能篇**、**实务篇**和**软件篇**，共5个模块，20个单元。本书还提供了思考与练习、课后实训和课程思政，以及相关数字化教学资源，以便学生学习使用。

技能篇包括公路工程列项、公路工程定额、公路概(预)算编制等三个模块，主要介绍了公路工程预算的基本理论与手工编制流程；**实务篇**为公路造价实务模块，主要介绍了如何将分部分项工程的设计图纸工程量转化为公路工程预算文件附表01相关数据，是对技能篇的深化和提高；**软件篇**为公路造价软件模块，主要介绍了软件生成预算文件的系统流程和纵横造价软件基本操作，是技能篇和实务篇的实际应用部分，并附有相关公路概算案例，仅供参考。

本书可供高等职业院校道路工程造价专业、工程造价(公路方向)专业、道路与桥梁工程技术专业及其相关专业作为教材使用，也可作为工程技术人员的岗位培训教材和参考资料使用。

图书在版编目(CIP)数据

公路工程概预算编制 / 艾冰，肖颜主编. —长沙：中南大学出版社，2022.8

高职高专土建类"十三五"规划"互联网+"系列教材

ISBN 978-7-5487-4977-6

Ⅰ. ①公… Ⅱ. ①艾… ②肖… Ⅲ. ①道路工程—概算编制—高等职业教育—教材②道路工程—预算编制—高等职业教育—教材 Ⅳ. ①U415.13

中国版本图书馆 CIP 数据核字(2022)第121575号

公路工程概预算编制

GONGLU GONGCHENG GAIYUSUAN BIANZHI

艾冰　肖颜　主编

□出 版 人　吴湘华
□策划组稿　谭　平　周兴武
□责任编辑　周兴武
□责任印制　唐　曦
□出版发行　中南大学出版社
　　　　　　社址：长沙市麓山南路　　邮编：410083
　　　　　　发行科电话：0731-88876770　　传真：0731-88710482
□印　　装　长沙印通印刷有限公司

□开　　本　787 mm×1092 mm　1/16　□印张 16.75　□字数 415 千字
□版　　次　2022年8月第1版　□印次 2022年8月第1次印刷
□书　　号　ISBN 978-7-5487-4977-6
□定　　价　48.00元

职业教育土建类专业“十四五”创新教材
编审委员会

出版说明

为了深入贯彻党的“十九大”精神和全国教育大会精神，落实《国家职业教育改革实施方案》(国发〔2019〕4号)和《职业院校教材管理办法》(教材〔2019〕3号)有关要求，深化职业教育“三教”改革，全面推进高等职业院校土建类专业教育教学改革，促进高端技术技能型人才的培养，依据国家高职高专教育土建类专业教学指导委员会《高等职业教育土建类专业教学基本要求》及国家教学标准和职业标准要求，通过充分的调研，在总结吸收国内优秀高职高专教材建设经验的基础上，我们组织编写和出版了这套高职高专土建类专业规划教材。

高职高专教学改革不断深入，土建行业工程技术日新月异，相应国家标准、规范，行业、企业标准、规范不断更新，作为课程内容载体的教材也必然要顺应教学改革和新形式的变化，适应行业的发展变化。教材建设应该按照最新的职业教育教学改革理念构建教材体系，探索新的编写思路，编写出版一套全新的、高等职业院校普遍认同的、能引导土建专业教学改革的系列教材。为此，我们成立了规划教材编审委员会。规划教材编审委员会由全国30多所高职院校的权威教授、专家、院长、教学负责人、专业带头人及企业专家组成。编审委员会通过推荐、遴选，聘请了一批学术水平高、教学经验丰富、工程实践能力强的骨干教师及企业专家组成编写队伍。

本套教材具有以下特色：

1. 教材符合《职业院校教材管理办法》(教材〔2019〕3号)的要求，以习近平新时代中国特色社会主义思想为指导，注重立德树人，在教材中有机融入中国优秀传统文化、四个自信、爱国主义、法治意识、工匠精神、职业素养等思政元素。

2. 教材依据教育部高职高专教育土建类专业教学指导委员会《高职高专土建类专业教学基本要求》及国家教学标准和职业标准(规范)编写，体现科学性、综合性、实践性、时效性等特点。

3. 体现“三教”改革精神，适应高职高专教学改革的要求，以职业能力为主线，采用行动导向、任务驱动、项目载体，教、学、做一体化模式编写，按实际岗位所需的知识能力来选取教材内容，实现教材与工程实际的零距离“无缝对接”。

4. 体现先进性特点，将土建学科发展的新成果、新技术、新工艺、新材料、新知识纳入教材，结合最新国家标准、行业标准、规范编写。

5. 产教融合，校企双元开发，教材内容与工程实际紧密联系。教材案例选择符合或接近真实工程实际，有利于培养学生的工程实践能力。

6. 以社会需求为基本依据，以就业为导向，有机融入“1+X”证书内容，融入建筑企业岗位(八大员)职业资格考试、国家职业技能鉴定标准的相关内容，实现学历教育与职业资格认证的衔接。

7. 教材体系立体化。为了方便教师教学和学生学习，本套教材建立了多媒体教学电子课件、电子图集、教学指导、教学大纲、案例素材等教学资源支持服务平台；部分教材采用了“互联网+”的形式出版，读者扫描书中的二维码，即可阅读丰富的工程图片、演示动画、操作视频、工程案例、拓展知识等。

高职高专土建类专业规划教材

编审委员会

前言

本书围绕《公路工程建设项目概算预算编制办法》(JTG 3830—2018)、最新的行业标准及真实工程案例组织编写。考虑到高职院校学生的学习特点，本书将相关职业证书考试标准融合进教材，注重培养实际操作能力，具有以下特点。

1. **以学为主**：本书从学习者的视野出发，将编制公路工程概预算所需的理论知识按照“以学为主”特点进行了重新组合。

2. **适用面广**：本书将知识点分为技能篇、实务篇和软件篇，可满足不同专业高职学生的学习需求。本书难度以工程技术相关专业学生能够接受为准，还为工程造价相关专业的同学准备了参考资料以及精心挑选并拆分过的工程实例。

3. **资料丰富**：本书相关数字资源丰富，共有参考资料112页、工程图纸183张、概算表格367页、微课视频10个。

本书由湖南交通职业技术学院艾冰、肖颜主编，湖南省交通规划勘察设计院王康、湖南交通职业技术学院李利君主审。

模块一由湖南交通职业技术学院艾冰编写；模块二由湖南工程职业技术学院熊亚军、湖南城建职业技术学院李和志编写；模块三由湖南交通职业技术学院艾冰、罗萍、黄蓓蕾、严林、彭丹编写；模块四由湖南交通职业技术学院肖颜、李振，纵横创新软件有限公司祝志宾，佛山科学技术学院安里鹏编写；模块五由湖南交通职业技术学院李南西、尚杨明珠，新疆交通职业技术学院陈诗琳编写。

本书编写过程中，参阅了国内同行多部教材和行业规范及资料，得到了纵横创新软件有限公司等单位的技术支持。由于编者水平有限，编写时间匆忙，书中难免有错误和不足之处，恳请读者批评指正。

编 者

2022年6月

目 录

实务篇

软件篇

绪 论

0.1 我国现行建设项目投资构成

2017年9月住房和城乡建设部办公厅发布建办标函〔2017〕621号，关于征求《建设项目总投资费用项目组成(征求意见稿)》《建设项目工程总承包费用项目组成(征求意见稿)》意见函，建设项目总投资是指为完成工程项目建设并达到使用要求或生产条件，而在建设期内预计或实际投入的总费用，包括工程造价、增值税、资金筹措费和流动资金。

0.2 公路工程造价的定义

工程造价是指工程项目在建设期预计或实际支出的建设费用，包括工程费用、工程建设其他费用和预备费。工程费用是指建设期内直接用于工程建造、设备购置及其安装的费用，包括建筑工程费、设备购置费和安装工程费。工程建设其他费用是指建设期发生的与土地使用权取得、整个工程项目建设以及未来生产经营有关的，除工程费用、预备费、增值税、资金筹措费、流动资金以外的费用。预备费是指在建设期内因各种不可预见因素的变化而预留的可能增加的费用，包括基本预备费和价差预备费。

从业主(投资者)的角度来定义，工程造价是指工程的建设成本，即为建设某项工程预期支付或实际支付的全部固定资产投资费用。尽管这些费用在建设项目的竣工决算中，按照新的财务制度和企业会计准则核算新增资产价值时，并没有全部形成新增固定资产价值，但这些费用是完成固定资产建设所必需的。因此，从这个意义上讲，工程造价就是建设项目固定资产投资。

从承发包角度来定义，工程造价是指工程价格，即为建成某项工程，预计或实际在土地市场、设备市场、技术劳务市场以及工程承包市场等交易活动中所形成的建筑安装工程的价格或建设工程总价格。

0.3 公路建设程序与公路工程造价文件

1. 公路建设程序

公路建设程序是指基本建设项目从规划立项到竣工验收整个建设过程中各项工作的先后次序。公路工程建设程序包括五个阶段：公路工程项目筹备阶段、公路工程设计阶段、招投标阶段、公路工程施工阶段和公路工程交付使用阶段。

1)公路工程项目筹备阶段

该阶段可分为项目建议书阶段和可行性研究报告阶段。项目建议书应对拟建公路项目的目的、要求、主要技术标准、原材料及资金来源等提出说明。可行性研究报告的任务是在对拟建公路项目进行充分调查、研究、评价、预测和必要的勘测的基础上，提出建设项目的规模、技术标准，并进行简要的经济效益分析。

2)公路工程设计阶段

公路工程建设项目一般采用两阶段设计，即初步设计和施工图设计；对技术简单、方案明确的小型建设项目，也可采用一阶段设计，即直接进入施工图设计；对技术上难度较大、基础资料不足的建设项目，必要时可采用三阶段设计，即初步设计、技术设计和施工图设计。

3)公路工程招投标阶段

4)公路工程施工阶段

公路工程施工阶段主要是根据设计图纸和工程实际进行施工，完成交工验收并投入使用。

5)公路工程交付使用阶段

公路工程交付使用阶段主要是维护公路正常使用，并对缺陷责任期内的质量缺陷进行处理，最终完成竣工验收，彻底完成公路工程建设工作。

2. 公路建设各阶段相应的造价文件

公路建设各阶段相应的造价文件有项目建议书、投资估算、设计概算、修正概算、施工图预算、工程量清单及报价文件、施工预算、工程结算和工程决算等。公路建设各阶段相应的造价文件见表0-1。

表0-1 公路建设各阶段相应的造价文件

序号	建设阶段	阶段内容	造价文件
1	工程项目筹备阶段	规划阶段	项目建议书
		可行性研究阶段	投资估算
2	工程设计阶段	初步设计阶段	设计概算
		技术设计阶段	修正概算
		施工图设计阶段	施工图预算
3	招投标阶段	招标投标阶段	工程量清单及报价文件
4	工程施工阶段	施工阶段	施工预算
		交工阶段	工程结算
5	工程交付使用阶段	竣工验收	工程决算
		项目完结	

0.4　公路工程概算、预算费用组成

公路工程概算、预算费用由建筑安装工程费、土地使用及拆迁补偿费、工程建设其他费、预备费和建设期贷款利息等五项组成(图 0-1)。其中，建筑安装工程费占总费用比例最高，由直接费、设备购置费、措施费、企业管理费、规费、利润、税金及专项费用等八项组成，相关规定将在后续单元进行讲解。

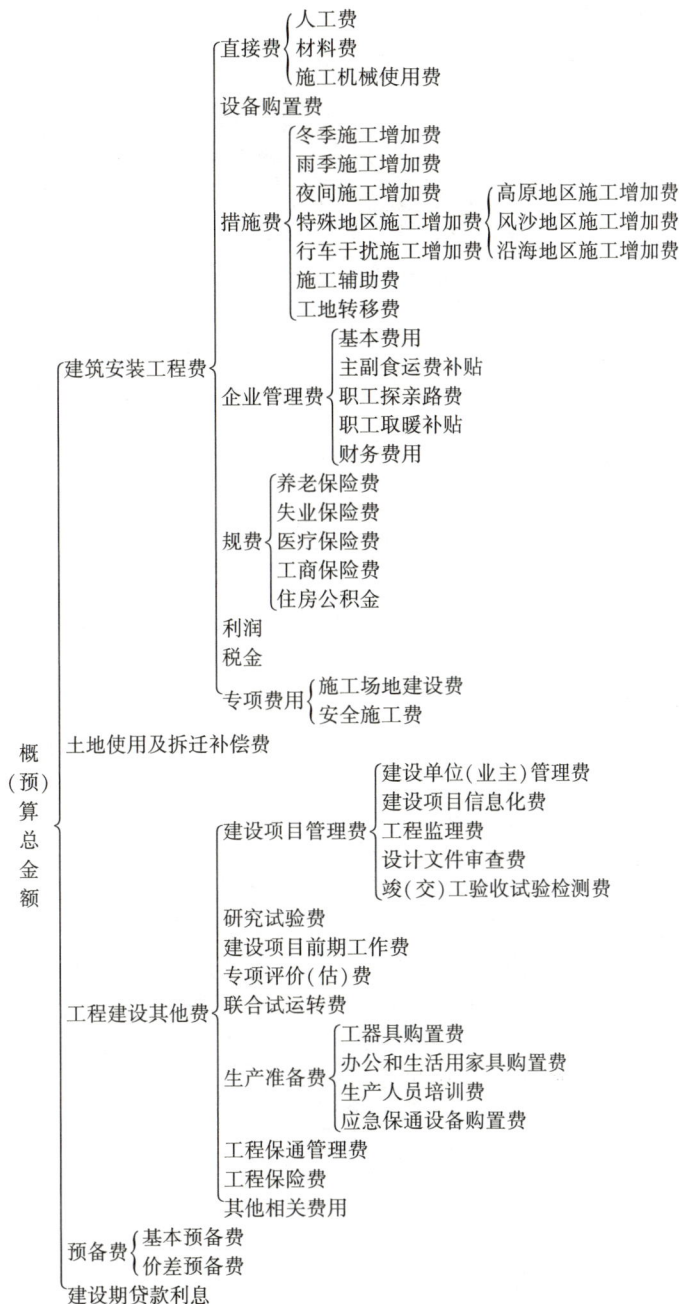

- 概(预)算总金额
  - 建筑安装工程费
    - 直接费
      - 人工费
      - 材料费
      - 施工机械使用费
    - 设备购置费
    - 措施费
      - 冬季施工增加费
      - 雨季施工增加费
      - 夜间施工增加费
      - 特殊地区施工增加费
        - 高原地区施工增加费
        - 风沙地区施工增加费
        - 沿海地区施工增加费
      - 行车干扰施工增加费
      - 施工辅助费
      - 工地转移费
    - 企业管理费
      - 基本费用
      - 主副食运费补贴
      - 职工探亲路费
      - 职工取暖补贴
      - 财务费用
    - 规费
      - 养老保险费
      - 失业保险费
      - 医疗保险费
      - 工商保险费
      - 住房公积金
    - 利润
    - 税金
    - 专项费用
      - 施工场地建设费
      - 安全施工费
  - 土地使用及拆迁补偿费
  - 工程建设其他费
    - 建设项目管理费
      - 建设单位(业主)管理费
      - 建设项目信息化费
      - 工程监理费
      - 设计文件审查费
      - 竣(交)工验收试验检测费
    - 研究试验费
    - 建设项目前期工作费
    - 专项评价(估)费
    - 联合试运转费
    - 生产准备费
      - 工器具购置费
      - 办公和生活用家具购置费
      - 生产人员培训费
      - 应急保通设备购置费
    - 工程保通管理费
    - 工程保险费
    - 其他相关费用
  - 预备费
    - 基本预备费
    - 价差预备费
  - 建设期贷款利息

图 0-1　公路工程概算预算费用组成

技能篇

模块一　公路工程列项

<table>
<tr><td>引入思考</td><td colspan="2">列项工作的目的是使公路工程概(预)算编制规范化，但列项工作的规范化并不容易实现。
以桥梁工程为例，目前国内桥梁施工中，大量使用了新技术、新工艺、新设备、新材料。“四新”出现时，造价人员很可能在相关定额中找不到与之完全一致的工程内容。因此，在定额套用、单价确定和费率选取时，造价人员需要与各方充分沟通。并且，设计图纸上一样的结构，会因施工方法不同导致列项结果不相同。因此，做好列项工作，不仅需要各位同学了解公路造价编制方面的知识，还需要了解公路工程施工技术。
为保证公路工程造价文件的准确性，应当先确保编制文件流程的规范性。公路工程概算预算编制时，首先进行的就是列项。公路工程列项工作大致有三步：工程项目划分、工程定额套取与工程数量计算。
以公路工程预算编制为例，上述工作相应的参考资料为：《公路工程建设项目概算预算编制办法》(JTG 3830—2018)(以下简称《编制办法》)附录 B“概算预算项目表”、《公路工程预算定额》、相关工程量计算规则(未统一成册)。工程定额套取与工程数量计算相对较为复杂，本模块只做简单介绍，具体规定见后续模块。
目前，关于公路工程列项的理论不多。《编制办法》中“2.4 概算预算项目及编码规则”以及“附录 B”提到了概算预算项目相关内容，但对列项没有做出具体详细的说明。因此，列项时没有唯一正确答案</td></tr>
<tr><td rowspan="3">学习内容</td><td>工程项目划分</td><td>依据《编制办法》附录 B“概算预算项目表”，对公路工程进行项目划分</td></tr>
<tr><td>工程定额套用</td><td>依据《公路工程预算定额》，对设计图纸中的工程进行定额套取</td></tr>
<tr><td>工程数量计算</td><td>依据《公路工程预算定额》中总说明、章节说明、小注以及其他工程量计算规则，计算相关工程数量</td></tr>
<tr><td rowspan="3">学习目标</td><td>能力目标</td><td>能够进行公路工程概算预算列项；
能够进行简单分项工程的工程量计算</td></tr>
<tr><td>知识目标</td><td>了解公路工程概算预算项目划分相关规定；
了解公路工程概算预算工程量计算方法</td></tr>
<tr><td>重点难点</td><td>工程项目划分</td></tr>
<tr><td>学习参考资料</td><td colspan="2">数字资源链接：A01 项目表参考资料
模块一　数字资源链接</td></tr>
</table>

单元 1　公路工程概算预算列项

知识目标： 了解公路工程概算预算项目划分相关规定；
了解公路工程概算预算工程量计算方法。
能力目标： 能够进行公路工程概算预算列项；
能够进行简单分项工程的工程量计算。
素质目标： 具有规范化编制造价文件的观念；
具有工程造价相关法律意识。

课程导入

正确认识列项工作。

公路工程概算预算编制准备工作结束之后，首先进行的工作是列项，即工程项目划分。工程项目划分与定额套用、工程量计算紧密联系，通常放在一起完成，如图 1-1 所示。

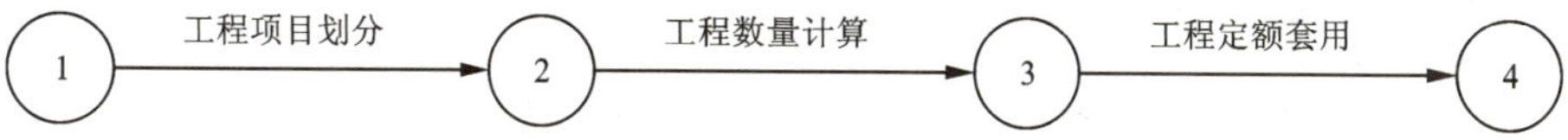

图 1-1　公路工程概算预算编制列项工作示意图

1.1　工程项目划分

为使公路工程概（预）算编制规范化，《编制办法》对费用项目的名称、层次做了统一的规定，**防止列项时出现漏列、错列、重列等现象。** 列项时必须严格按照《编制办法》中“概算预算项目表”相关规定，结合施工特点对工程项目进行项目划分。

公路工程概算预算项目表划分见表 1-1。

表 1-1　公路工程概算预算项目表划分

序号	概算预算项目	备注
1	概算预算项目表	总表
2	路基工程项目分表（LJ）	分表
3	路面工程项目分表（LM）	分表
4	涵洞工程项目分表（HD）	分表
5	桥梁工程项目分表（QL）	分表

续表1-1

序号	概算预算项目	备注
6	隧道工程项目分表(SD)	分表
7	交通安全设施工程项目分表(JA)	分表
8	隧道机电工程工程项目分表(SJ)	分表
9	绿化及环境保护工程项目分表(LH)	分表

其中，概算预算项目表(总表)内容节选如下，见表1-2。

概(预)算项目应按项目表的序列及内容编制。当实际出现的工程和费用项目与项目表的内容不完全相符时，第一、二、三、四、五部分和“项”的序号、内容应保留不变，项目表中的“项”以下分项在引用时应保持序号、内容不变，缺少的分项内容可随需要就近增加，并按项目表的顺序以实际出现的级别依次排列，不保留缺少的“项”以下项目序号。

表1-2 概算预算项目表主要内容

部分	分项	主要内容
第一部分		建筑安装工程费
	第一项	临时工程
	第二项	路基工程
	第三项	路面工程
	第四项	桥梁涵洞工程
	第五项	交叉工程
	第六项	隧道工程
	第七项	交通工程及沿线设施
	第八项	绿化及环境保护工程
	第九项	其他工程
	第十项	专项费用
第二部分		土地使用及拆迁补偿费
第三部分		工程建设其他费
第四部分		预备费
第五部分		建设期贷款利息

［例 1–1］　某二级公路路基工程主要工程量见表 1–3，试对其进行项目划分。

表 1–3

土方									
推土机施工(天然方)					挖掘机配合自卸汽车施工(天然方)				
推土机总土方/m^3	普通土/m^3	硬土/m^3	平均运距/km	运量/($m^{-3}\cdot km^{-1}$)	汽运总土方/m^3	普通土/m^3	硬土/m^3	平均运距/km	运量/($m^{-3}\cdot km^{-1}$)
1128	564	564	0.02	0	2344	1172	1172	1	2344
88	44	44	0.02	0	8064	4032	4032	1	8063
1216	608	608			10408	5204	5204		
合计									
石方									
机械开炸(天然方)	机械施工石方配推土机(天然方)				装载机装石配自卸汽车(天然方)				
软石/m^3	软石/m^3	次坚石/m^3	平均运距/km	运量/($m^{-3}\cdot km^{-1}$)	软石/m^3	次坚石/m^3	坚石/m^3	平均运距/km	运量/($m^{-3}\cdot km^{-1}$)
8636	2566	0	0.02	0	6070			1	6070
15026	13662	0	0.02	0	1364			1	1364
23662	16228	0			7434				
合计									

解：工程项目划分见表 1–4。(此处不含定额)。

表 1–4

项的代号	目的代号	节的代号	细目代号	项或目或节或细目或定额的名称	单位	数量
1				第一部分建筑安装工程费		
101				临时工程	公路公里	
102				路基工程	km	
	LJ02			路基挖方	m^3	24878
		LJ0201		挖土方	m^3	1216
		LJ0202		挖石方	m^3	23662

1.2 工程数量计算

公路工程概算预算中的工程量计算规则，是指分部分项工程对应的定额单位所包含的施工工艺内容，是套用定额时确定概(预)算工程量的依据。更确切地说，是从设计图表资料上摘取工程量的规则，这些计算规则都分散在概算预算定额的章节说明中。为了正确摘取工程量，做到不重、不漏、不错，编制人员必须明确定额规定的工程内容，熟悉定额各章节说明和附注。

1.“路基土石方工程”工程量校核方法

(1)“路基土石方数量表”合计栏中的校核条件。

挖方=本桩利用+挖余 (1-1)

填方=本桩利用+填缺 (1-2)

(2)“路基每公里土石方数量表”中每公里天然方校核条件。

挖方总量=利用方+废方=(本桩利用+远运利用)+废方 (1-3)

填方总量=利用方+借方=(断面方+清表回填+预压沉降) (1-4)

土石运输方=远运利用方+借方运输方+废方运输方 (1-5)

2. 圆管涵工程计算

[例 1-2] 求如图 1-2 所示圆管涵每延米工程量(涵身、基础)。

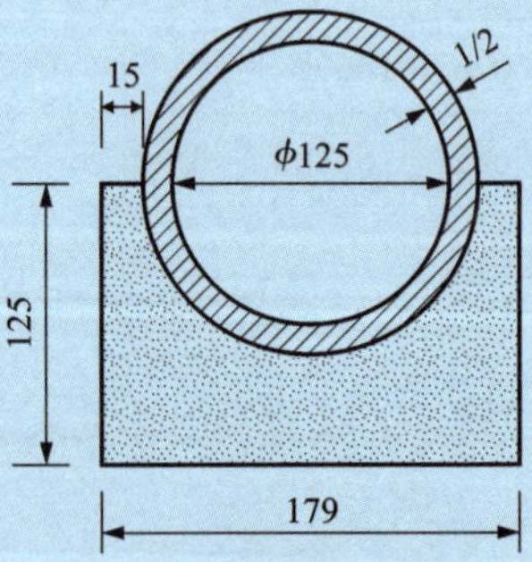

图 1-2 圆管涵示意图

解题思路：求出圆管涵中相应部位的横截面积，乘以 1 m(长度)得出体积，即每延米工程量。解题过程如下：

$$S_{涵身}=3.14\times\left[\left(\frac{1.25}{2}+0.12\right)^2-\left(\frac{1.25}{2}\right)^2\right]=0.52\ m^2$$

$$S_{基础}=1.25\times1.79-\frac{3.14}{2}\times\left(\frac{1.25}{2}+0.12\right)^2=1.36\ m^2$$

故该圆管涵每延米工程量为：$V_{涵身}=0.52\ m^3$、$V_{基础}=1.36\ m^3$。

受篇幅所限，本书不再介绍概算预算中的工程量计算规则，但可参考单元 17。

1.3 工程定额套用

工程数量计算结束后，下一步就是定额套用。

[例 1-3]　某二级公路路基工程主要工程量如例 1-1 所示，试进行定额套用。

解：定额套用结果见表 1-5。

表 1-5

项的代号	目的代号	节的代号	细目代号	定额代号	项或目或节或细目或定额的名称	单位	数量
					第一部分 建筑安装工程费		
101					临时工程	公路公里	
102					路基工程	km	
	LJ02				路基挖方	m^3	
		LJ0201			挖土方	m^3	
				1-1-12-14	135 kW 以内推土机推普通土 20 m	1000 m^3 天然密实方	0.608
				1-1-12-15	135 kW 以内推土机推硬土 20 m	1000 m^3 天然密实方	0.608
				1-1-9-8	2.0 m^3 以内挖掘机挖装普通土	1000 m^3 天然密实方	5.204
				1-1-9-9	2.0 m^3 以内挖掘机挖装硬土	1000 m^3 天然密实方	5.204
				1-1-11-3	8 t 以内自卸汽车运土 1 km	1000 m^3 天然密实方	10.407
		LJ0202			挖石方	m^3	
				1-1-12-31	135 kW 以内推土机推软石 20 m	1000 m^3 天然密实方	16.228
				1-1-14-4	机械打眼开炸软石	1000 m^3 天然密实方	23.662
				1-1-10-5	2 m^3 以内装载机装软石	1000 m^3 天然密实方	7.434
				1-1-11-22	12 t 以内自卸汽车运石每增运 0.5 km(平均运距 15 km 以内)	1000 m^3 天然密实方	14.868

由于定额套用涉及的知识点较多，本单元仅做介绍，具体理论与操作详见后续单元。

1.4　相关表格

在公路工程概算预算系列表格中，没有专门用于列项的表格。已知跟列项结果有关的表格有概预算 01 表、21-1 表、附表 01 等，目前造价师(交通运输工程专业)教材中也有类似列项的表格填写题型。

思考与练习

在公路工程概（预）算编制过程中，试讨论列项时未严格按照《公路工程建设项目概算预算编制办法》进行，会对后续编制工作产生什么样的影响。

学习参考资料

单元学习参考资料链接，见二维码A01。

A01　项目表参考资料

课后实训

班级： 学号： 姓名： 日期：

实训成绩	
实训任务	公路工程列项
实训目的	掌握列项基本流程，能够独立完成简单分项工程的列项

实训项目

某高速公路有一处 ϕ150 cm 的钢筋混凝土圆管涵，涵管壁厚为 15 cm，涵长为 32.5 m(13×2.5=32.5 m)，其施工图设计的工程量如下。仿照例 1-3 以及《编制办法》第 59、66、72 页对其进行列项

涵身		涵身基础		洞口					挖土方/m^3
钢筋/kg	混凝土/m^3	混凝土/m^3	砂砾石/m^3	混凝土帽石/m^3	浆砌片石端墙与基础/m^3	浆砌片石锥坡与基础/m^3	浆砌片石隔水墙与基础/m^3	砂浆勾缝/m	
2751	25	109	66	3	29	27	13	45	2174

注：混凝土构件和土方的平均运距为 1 km，预制场设施不考虑

实训提示

部分定额如下：

工程细目	定额代号	单位	数量	定额调整或系数
2.0 m^3 以内挖掘机挖装硬土	1-1-9-9	1000 m^3	5.204	
8 t 以内自卸汽车运土(1 km)	1-1-11-3	1000 m^3	10.407	
挖掘机挖基坑土方	4-1-3-3	1000 m^3	2.174	
自卸汽车运土方(1 km)	1-1-11-7	1000 m^3	2.174	
涵管砂砾石基础垫层	4-11-5-1	10 m^3	6.6	
现浇管座混凝土	4-7-5-5	10 m^3	10.9	
混凝土拌和	4-11-11-15	100 m^3	1.09	1.02
混凝土运输	4-11-11-24	100 m^3	1.09	1.02
预制圆管管节	4-7-4-2	10 m^3	2.5	
混凝土拌和	4-11-11-15	100 m^3	0.25	1.01
混凝土运输	4-11-11-24	100 m^3	0.25	1.01
预制管节钢筋	4-7-4-3	1 t	2.751	
安装圆管涵	4-7-5-4	10 m^3	2.5	
载货汽车运输管节	4-8-3-8	100 m^3	0.25	
涵管接头沥青麻絮填塞	4-11-1-1	10 m^3	0.068	
涵管防水沥青	4-11-4-5	10 m^3	18.378	
浆砌片石端墙与基础	4-5-2-4	10 m^3	2.9	
浆砌片石锥坡与基础	4-5-2-7	10 m^3	2.7	
浆砌片石隔水墙与基础	4-5-2-1	10 m^3	1.3	
预制帽石	4-7-25-1	10 m^3	0.3	
安装帽石	4-7-26-1	10 m^3	0.3	
混凝土拌和	4-11-11-15	100 m^3	0.3	1.01
混凝土运输	4-11-11-24	100 m^3	0.3	1.01

解题过程

续上表

项的代号	目的代号	节的代号	定额代号	项或目或节或细目或定额的名称	单位	数量

实训总结

课程思政

"工程量清单项目特征描述不清"带来的影响

工程概况	1. CB土建工程由发包人通过招投标方式确定承建单位。招标文件中工程量清单的屋面拱板项目为折线形屋架，并对项目特征进行了描述。承包人经考察工程现场、研究招标文件后，提交了技术标与商务标，对折线形屋架等项目的项目特征描述与招标文件的描述相同。后经评标，承包人成为CB土建工程的中标单位，发承包人遂与其签订工程施工合同，约定价款为2932万元及其调整等内容。 2. 2007年11月3日，承包人编制了屋面拱板专项施工方案，采用先张法预应力技术现场预制屋面拱板，并称采用该方案效益更好。 3. 2008年1月10日，承包人、发包人、工程监理单位、设计单位及CX建筑学会有关专家对承包人编制的拱板专项施工方案进行会审，提出了修改意见。后承包人根据专家组会审意见对施工方案进行了修改完善，发包人及工程监理单位同意承包人按修改完善后的专项施工方案组织施工。 4. CB土建工程竣工后，发包人及工程监理单位对工程结算出具了审核初步意见，认为根据招标文件规定，勘察现场后自行选择的施工方法可能发生的一切费用应由承包人自负，发包人对拱板补差费用不予结算。 5. 承包人于2009年10月15日就拱板制作安装项目计价问题请示NB建设工程造价管理处；该处于2009年10月26日出具复函，建议发承包双方协商，给予施工单位必要的造价补差。 6. 2009年11月16日，CX基建审计事务所对CB土建工程造价工程进行了审计，确定该工程结算造价为3299万元。承包人对该审计结算价的保留为：大型屋面板图纸清单缺项内容应按各方认可的技术方案和设计、监理、业主同意实施完成的实际工作内容计算
造价鉴定	建设、施工各方对争议对象的称谓均不确切，描述不清楚，难以计价。所以，按照原来的招标清单计价会出现重大利益失衡情况。建议此屋盖系统应按实际进行调整，给予施工企业必要造价补差
法院意见	1. 根据现有证据，本案纠纷发生的主要原因是发包人在工程招标过程中的工程量清单对拱板分项的项目特征描述不清。 2. 承包人为顺利完成工程施工，根据专家组会审意见修改完善专项施工方案，经发包人认可，设计单位也出具了技术联系单，该施工方案弥补了工程量清单中拱板分项的项目特征描述不清的重大瑕疵，同时也导致工程造价增加。 3. 承包人在施工期间未按照《建设工程工程量清单计价规范》规定与发包人就屋面拱板项目重新确定单价或者向发包人提出追加工程价款要求，造成审计部门对增加的工程造价未纳入审计，也是导致本案纠纷发生的原因。 4. 为避免利益失衡，遵循公平原则，根据本案实际，宜由发包人就增加的工程造价给予承包人70%的补偿
纠纷分析	发包方与承包方的分歧为：工程量清单对拱板分项的项目特征描述是否清楚。 1. 建设单位的招标清单存在对拱板分项的项目特征描述不清的情况。 2. 承包人在施工期间，未能及时向发包人提出相关追加工程价款的要求，造成该部分增加的费用未能纳入审计，因此也存在一定过错

模块二　公路工程定额

<table>
<tr><td>引入思考</td><td colspan="2">某公路建设项目，需要预制 1000 m³ 圆管涵（管径 1.5 m、钢筋净用量 50 t）。在预制圆管涵之前，施工人员应该先完成备料工作。那么，施工人员应该准备哪些材料？每种材料需要准备多少？
通常情况下，施工人员可以通过查找公路工程定额来解决上述两个问题。根据《公路工程预算定额》4-7-4-2，预制 1000 m³ 圆管涵（管径 1.5 m）需要使用的材料有：钢模板 7.4 t、水泥 410.1 t、中砂 465 m³、碎石 798 m³、水 1600 m³、其他材料若干（1650 元）、光圆钢筋 51.25 t、铁丝 231 kg（人工、机械台班未列出）。选用不同的定额，得出的结果可能会有出入。
根据交通运输部 2018 年第 86 号公告，现以《公路工程建设项目投资估算编制办法》《公路工程建设项目概算预算编制办法》作为公路工程行业标准；以《公路工程估算指标》《公路工程概算定额》《公路工程预算定额》《公路工程机械台班费用定额》作为公路工程行业推荐性标准，自 2019 年 5 月 1 日起施行</td></tr>
<tr><td rowspan="3">学习内容</td><td>公路工程定额套用</td><td>根据《公路工程预算定额》，对简单分项工程或施工工序进行工程定额套用</td></tr>
<tr><td>公路工程定额计算</td><td>根据《公路工程预算定额》章节说明与小注，对复杂分项工程或施工工序进行相关计算</td></tr>
<tr><td>公路工程定额管理</td><td>计算施工定额，编制劳动定额，掌握定额测定方法以及定额管理相关内容</td></tr>
<tr><td rowspan="3">学习目标</td><td>知识目标</td><td>了解公路工程定额的组成与特点；
了解时间定额与产量定额的计算；
了解定额的测定方法；
掌握公路工程复杂定额的套用；
掌握公路工程定额的抽换</td></tr>
<tr><td>能力目标</td><td>能够完成定额的套用；
能够编制劳动定额；
能够完成定额的计算</td></tr>
<tr><td>重点难点</td><td>定额的直接套用；
定额抽换；
公路工程定额的管理</td></tr>
<tr><td>学习参考资料</td><td colspan="2">数字资源链接：
A02 定额组成参考资料；
D02 钢筋抽换动画、D03 砂浆抽换动画、D04 三时估计法动画
模块二　数字资源链接</td></tr>
</table>

单元 2　公路工程定额套用

知识目标： 了解公路工程定额的组成；
了解公路工程定额的编号。
能力目标： 能够完成定额的套用。
素质目标： 注重造价文件编制细节；
具有公路工程定额相关法律意识。

课程导入

在编制概算、预算文件时，需要根据定额表号采用简单的编号将所对应的定额表标示出来，见表 2-1。

表 2-1

序号	案例	定额号
1	确定人工挖运普通土运 40 m 的定额号(手推车运土)	9-1-1-6-2+4×8
2	确定编织袋围堰工程的定额号(围堰高 2.2 m)	388-4-2-2-6
3	初学者在准确套用定额的基础上，应当正确计算相应的工程数量，需要翻阅定额总说明、章节说明和小注以达到控制工程投资的最终目的	

2.1　定额的组成

现行《公路工程概算定额》(以下简称《概算定额》)和《公路工程预算定额》(以下简称《预算定额》)均包括颁发定额的文件号、目录、总说明、章节说明、定额表，《预算定额》还包括附录。

1. 颁发定额的文件号

颁发定额的文件号为**交通运输部 2018 年第 86 号公告**，详见图 2-1。

2. 总说明

总说明规定了定额的使用范围、使用条件以及定额使用中的一般规定(如特殊符号、文字)等，对正确运用定额具有重要作用，在使用定额时应特别注意《概算定额》和《预算定额》在总说明中的规定。

索引号：	2018-01642	机构分类：	公路局
文号：	第86号	主题分类：	标准规范
公开日期：	2018年12月27日	行业分类：	公路工程建筑;桥梁和隧道工程建筑
主题词：	公路工程;行业标准;公告		

交通运输部关于发布《公路工程建设项目投资估算编制办法》《公路工程建设项目概算预算编制办法》及《公路工程估算指标》《公路工程概算定额》《公路工程预算定额》《公路工程机械台班费用定额》的公告

字号：【大】【中】【小】【打印】

现发布《公路工程建设项目投资估算编制办法》（JTG 3820—2018）、《公路工程建设项目概算预算编制办法》（JTG 3830—2018）作为公路工程行业标准；《公路工程估算指标》（JTG/T 3821—2018）、《公路工程概算定额》（JTG/T 3831—2018）、《公路工程预算定额》（JTG/T 3832—2018）、《公路工程机械台班费用定额》（JTG/T 3833—2018），作为公路工程行业推荐性标准，自2019年5月1日起施行，原《公路工程基本建设项目投资估算编制办法》（JTG M20—2011）、《公路工程基本建设项目概算预算编制办法》（JTG B06—2007）、《公路工程估算指标》（JTG/T M21—2011）、《公路工程概算定额》（JTG/T B06-01—2007）、《公路工程预算定额》（JTG/T B06-02—2007）、《公路工程机械台班费用定额》（JTG/T B06-03—2007）同时废止。

上述标准的管理权和解释权归交通运输部，日常解释和管理工作由主编单位交通运输部路网监测与应急处置中心负责。请各有关单位注意在实践中总结经验，及时将发现的问题和修改建议函告交通运输部路网监测与应急处置中心（地址：北京市朝阳区安定路5号院8号楼外运大厦21层，邮政编码：100029）。

特此公告。

交通运输部

2018年12月17日

附件下载：

1. JTG3820-2018公路工程建设项目投资估算编制办法.pdf
2. JTG3830-2018 公路工程建设项目概算预算编制办法.pdf
3. JTG-T3821-2018公路工程估算指标.pdf
4. JTG-T3831-2018公路工程概算定额.pdf
5. JTG-T3832-2018公路工程预算定额.pdf
6. JTG-T3833-2018 公路工程机械台班费用定额.pdf

图 2-1　中华人民共和国交通运输部 2018 年第 86 号公告

3. 章节说明

对每一章节的具体使用要求及注意事项作出了说明，特别是工程量计算规则。章节说明对正确运用定额具有重要作用。要想准确而又熟练地运用定额，必须透彻地理解这些说明，最好是能够全部记住。

4. 定额表

定额表是各类定额最基本的组成部分，是定额指标数额的具体表示。概算定额和预算定额的表格形式基本相同，其基本组成有：表号及定额表名称、工程内容、计量单位、顺序号、项目、细目及栏号、小注等。现将定额表的构成和主要栏目说明如下，如《预算定额》中“1-1-5 填前夯(压)实及填前挖松”见表 2-2。

表 2-2 《预算定额》中表 1-1-5 填前夯(压)实及填前挖松

工程内容：填前夯(压)实：原地面平整，夯(压)实；填前挖松：将土挖松

单位：1000 m^2

顺序号	项目	单位	代号	填前夯(压)实				填前挖松
				人工夯实	履带拖拉机 功率/kW 75 以内	履带拖拉机 功率/kW 120 以内	12~15 t 光轮压路机	
				1	2	3	4	5
1	人工	工日	1	25.8	2	2	2	4.9
2	75 kW 以内履带式拖拉机	台班	1001001	—	0.16	—	—	—
3	120 kW 以内履带式拖拉机	台班	8001068	—	—	0.11	—	—
4	12~15 t 光轮压路机	台班	8001081	—	—	—	0.27	—
5	基价	元	9999001	2742	317	333	371	521

注：1. 夯(压)实如需用水时，备水费用另行计算。
2. 填前挖松适用于地面横坡 1∶10~1∶5。
3. 二级及二级以上等级公路的填前压实应采用压路机压实。

(1)表号及定额表名称。表号是编制概预算文件时与其对应定额时的一一对应的关系符号，定额表名称表达了一张定额表的基本属性或分类。

(2)工程内容，主要说明本定额表所包括的操作内容及对应详细工艺流程。查定额时，将实际发生的操作内容与表中的工程内容进行比较，若不一致时，应进行补充或采取其他措施。

(3)定额单位，即工程项目计量单位，如 10 m、10 m^3 构件、1000 m/1 km、1 公路公里、1 道函长及每增减 1 m 等。

(4)顺序号，即表示人、料、机及费用的顺序号，起简化说明的作用。

(5)项目，即本定额表的工程所需人工、材料、机具、费用的名称、规格。

(6)代号，即在一定情况下，可引用表中代号作为对工、料、机名称的识别符号。

(7)工程细目即本定额表所包含的工程细目，如预算定额“1-1-5”表中的“人工夯实”“填前挖松”等，也称子目、栏目。

(8)栏号，指工程细目编号，如定额“1-1-5”所示定额中“人工夯实”栏号为 1，“填前挖松”栏号为 5，也称子目号、栏目号。

(9)定额值，即定额表中各种资源的消耗量数值。**括号内的数值一般是指所需半成品**

的数量。

(10)基价，也称定额基价，指该工程细目在特定时间与特定地点的工程价格。

(11)注。有些定额表列有注，是对本表的特别说明。使用定额时，必须仔细阅读以免产生遗漏或者错误。

5. 附录

在预算定额中列有附录，如：“路面材料计算基础数据”“基本定额”“材料周转及摊销”。附录是编制定额的基本数据，也是编制补充定额的依据，同时还是定额抽换的依据。

2.2 定额的编号

在编制概预算文件时，在计算表格中均要列出所用的定额号。

定额号一般采用[**页号-章号-表号-栏号**]的编写方法。例如《预算定额》中的[27-1-1-18-3]就是指应用第 27 页的表 1-1-18 中的第 3 栏，即 10 t 以内振动压路机碾压高速、一级公路土方。另一种编号方法是省去页号，按[**章号-表号-栏号**]编号。如《预算定额》中干砌片石基础的定额号为[4-5-1-1]。

正确的定额号有助于审查人员快速找出并核对所用定额的准确性。

2.3 定额的直接套用

如果设计图的要求、工作内容及确定的工程项目完全与相应的定额内容相符，这种情况下造价人员可以直接套用定额。可以直接套用的这部分定额占编制概预算文件时总定额量的50%以上。由于这部分工作相对简单，所以这部分定额的套用应百分之百正确。但也要特别注意各定额的总说明、章节说明以及定额表中小注的要求，应仔细阅读以免发生错误。

[例 2-1] 试确定人工挖运普通土(手推车运土)运 40 m 的预算定额，升 7%的坡。

解：(1)由预算定额目录可知该定额在第 9 页，定额表号为[1-1-16]；

(2)确定定额号为[9-1-1-6-2+4×8]；

(3)该定额小注 4 规定：如遇升降坡时，除按水平距离计算运距外，还按坡度不同需增加运距，重新计算运距为 40+40×7%×15=102 m，具体规定见预算定额第 9 页；

(4)计算定额值：

人工：$145.5+5.9\times\frac{102-20}{10}=145.5+48.4=193.9$ 工日/1000 m^3；

基价：15464+627×8=20480 元。

D01 定额套用动画

[例 2-2] 某编织袋围堰工程，装编织袋土的运距为 220 m，围堰高 2.2 m，确定该预算定额值。

解：(1)由预算定额目录可知该定额在 388 页，定额表号为[4-2-2]；

(2)确定该定额号为[388-4-2-2-6]

(3)该定额节说明 2 规定，此定额中已包括 50 m 以内人工挖运土方的工日数量，当取土运距超过 50 m 时，按人工挖运土方的增运定额增加运输给用工，具体规定见预算 385 页；

(4)计算定额值：

人工：$26+5.9\times\left(\dfrac{220-50}{10}\times\dfrac{68.41}{1000}\right)=32.86$ 工日；

塑料编织袋：1139 个；

土：(68.41 m^3)；

基价：$4415+627\times\dfrac{220-50}{10}\times\dfrac{68.41}{1000}=5144.18$ 元。

[例 2-3] 试确定人工采筛堆砂的预算定额(成品率按 60%计)。

解：(1)由预算定额目录可知该定额在第 1034 页，定额表号为[8-1-3]；

(2)确定定额号为[8-1-3-5]；

(3)每 100 m^3 堆方的定额值：

人工：21.5 工日/100 m^3；

基价：2285 元。

说明：2007 定额中，该定额中小注 2 规定，如人工采筛洗堆联合作业时，按“采筛堆”及“洗堆”工日之和扣减一次堆方，每 100 m^3 扣减 3 个工作日，其中洗、堆定额中的砂不计价，见 2007 预算定额第 959 页。(2018 定额已取消)

2.4 设计图纸工程数量的计算与换算

在编制概预算时，我们需要用到设计图纸或工程量清单中的工程量。但是设计人员对概预算或者定额不一定十分了解，他们仅从设计角度出发按习惯计算并统计工程量，从而使得这些工程量的单位与定额中的计量单位、计算要求不完全一致。

如何使计量单位、计算方法及符合定额的工程量计算规则正确计算工程量。一般来说，造价人员就需要根据定额进行换算。换算的类型主要有以下几种。

1. 体积与面积的换算

计算中应特别注意体积与面积的不一致，这一点很容易被编制人员疏忽。

如人工挖台阶，设计图纸或施工图工程量一般都以 m^3 为单位列出。而在预算定额[1-1-4]中，定额单位为 1000 m^2，这就需要将设计图纸上的 m^3 换算成定额中的 1000 m^2。要完成换算工作，应先分析和统计设计图纸上的开挖深度、宽度，计算出平均开挖深度（或加权平均深度），然后用设计体积除以平均深度，从而求得平均面积。

又如沥青混凝土路面，设计图纸或施工图工程量一般是以 1000 m^2 为单位列出。而在预算定额[2-2-14]中，定额单位为 1000 m^3。造价人员在套用定额时应注意要完成单位的换算。

与此类似的项目还有许多，如填前夯土的回填，清理场地的砍挖树根、回填等都存在换算问题。

2. 体积与个数的调整

在编制概预算文件时，如果遇到个数与体积不一致的问题，其换算不是简单的数学计算，需要查阅大量计算方面的基础资料，有些基础资料可以在教科书或者参考书上获得，有些资料只能从厂家提供的参数进行换算。

比如支座与伸缩缝。设计人员一般只提供各种型号以及对应的个数（包括固定支座、滑动式支座），而定额单位确是 t 或者 dm^3。在这种情况下，想准确进行换算就必须查阅相关厂家的标准图纸和基本数据才行。

此类的工程项目有很多，在桥梁工程部分，如钢护筒、金属设备、泄水孔等工程数量的计算就应该注意换算和收集有关的基础数据。

3. 工程量的自定方法

一个工程项目所涉及的定额并不都能在设计图纸上反映。换言之，一个完整项目的概预算造价除包括施工图纸上的工程数量外，还应考虑与施工方案及施工组织措施有关的其他工程设计的定额。

比如在临时工程中，临时电力电信线路、临时便道的里程是按照实际需要确定的（现场调查）。这一部分工程量原则上不超过总长度的 1/3，但也有充分考虑各种构造物运输不便、应用地方电网不便所造成的临时工程增加。临时用电中构造物的的动力用电如果没有临时工程项目，则应在自发电的电价中予以考虑。

还有一部分容易被遗忘但是所牵涉工程量较大的内容通常在土石方工程上。清理场地后回填的土石方体积；填前夯实后增加的土石方体积；自然沉降引起增加的土石方体积；根据施工规范必须超宽填筑的体积等都是必须增加补充计算的工程数量。这些工程量既没有体现在图纸上，又没有规范可查，只有造价人员根据土质资料及施工组织的详细资料具体问题具体分析，按施工现场实际情况具体计算。

4. 工程量与定额单位相同但存在一定的换算关系

定额单位与工程量单位一致时，大多数情况下可以直接使用，但也存在着不能直接使用的可能。比如路基土石方体积单位的天然密实方与压实方之间的差值，还有混凝土、砂浆需要考虑损耗的体积。

定额默认挖方及运输两种条件下均按天然方考虑，填方按压实方考虑。当利用取土点借土填筑时，其挖土的工程量、运土的工程量就需要考虑天然密实方与压实方之间的换算系数。即挖土体积按借土体积乘以挖方系数（如松土 1.23），如路基填方为借方时，则应在挖方系数的基础上继续增加 0.03 的损耗。

[例 2-4]　某二级公路路基工程主要工程量如下，试对其进行项目划分。

某二级公路，平原微丘区，某路段挖方数量为 3700 m^3，填方数量为 5000 m^3，本桩利用方数量为 2700 m^3(Ⅰ类土 350 m^3，Ⅱ类土 1150 m^3，Ⅲ类土 900 m^3，Ⅳ类土 300 m^3)，远运利用数量为Ⅱ类土 1500 m^3(天然方)，且远运土方与借土方均采用机械翻斗车运输，试求该路段的借方、弃方及计价方数量。

解题过程：

(1)根据《公路工程预算定额》第 1 页第一章《路基工程》说明之规定，确定土石方类别分别为松土、普通土、硬土、软石。

(2)借方(压实方)，根据《公路工程预算定额》第 3 页第一章《路基工程》说明 8 之规定，则应在下列系数基础上增加 0.03 的损耗。

设填方数量为 X_0：

本桩利用方为 3000 m^3，换算压实方的数量为 X_1；

远运利用方 1500 m^3 换算为压实方的数量为 X_2；

借方数量为 X_3，则有：

$$X_1=\frac{350\ \mathrm{m}^3}{1.23+0.03}+\frac{1150\ \mathrm{m}^3}{1.16+0.03}+\frac{900\ \mathrm{m}^3}{1.09+0.03}+\frac{300\ \mathrm{m}^3}{0.92+0.03}=2442.3\ \mathrm{m}^3;$$

$$X_2=\frac{1500}{1.16+0.03}=1260.5\ \mathrm{m}^3;$$

$$X_3=X_0-X_1-X_2=5000-2442.3-1260.5=1297.2\ \mathrm{m}^3。$$

(3)弃方(天然方)数量为：3700−2700=1000 m^3。

(4)计价方=挖方(天然方)+借方(压实方)

或　计价方=挖方(天然方)+填方(压实方)−利用方(压实方)

即　计价方=3700+1297.2=5297.2 m^3。

思考与练习

(1)某大桥在施工过程中，使用了很多定额中找不到的新型材料和新型机械，问此种情况下造价人员应如何处置？

(2)某桥编织袋围堰工程，围堰中心长 30 m，宽 25 m，高 2.5 m，装编织袋土的运距为 200 m，试计算该工程的预算定额值及总用工数。

(3)试确定人工开炸石方(人工挑抬)运 50 m 的预算定额。试确定同等情况下人工开炸、装车、卸车，以及手扶拖拉机运输时的预算定额。

(4)现有管径 1.5 m 的圆管涵，试确定预制 100 m^3 实体及 5 t 钢筋的预算定额。

(5)某桥梁工程以手推车运预制构件，每个构件的质量均小于 1 t，构件需出坑堆放，运输重载 4%的坡，运距 84 m，试确定其预算定额。

学习参考资料

单元学习参考资料链接，见二维码 A02。

A02　定额组成参考资料

课后实训

班级： 学号： 姓名： 日期：

实训成绩	
实训任务	公路工程定额套用
实训目的	掌握定额工程量计算
实训项目	某三级公路，某路段挖方数量为4000 m^3，填方数量为3600 m^3，本桩利用方数量为2100 m^3（松土330 m^3，普通土860 m^3，硬土910 m^3），远运利用方（天然方）数量为普通土550 m^3和软石375 m^3，且远运土方与借土方均采用手扶拖拉机运输，试求该路段借方、废方及计价方数量
实训提示	换算时，应注意土石方的体积变化
解题过程	
实训总结	

单元 3　公路工程定额计算

知识目标： 掌握公路工程复杂定额的套用；
掌握公路工程定额的抽换。
能力目标： 能够完成定额的计算。
素质目标： 注重造价文件编制细节；
具有公路工程定额相关法律意识。

课程导入

在公路项目的建设过程中会出现与设计要求、工作内容、施工条件与定额规定不相符的情况。此时，我们不能简单地套用定额了事，应该根据实际情况对定额的运用稍作修改或者调整，从而准确地反映出施工的真实情况。见表 3-1。

表 3-1

序号	案例
1	自卸汽车配合挖掘机联合作业 1000 m^3 普通土所消耗的人工、机械数量
2	稳定土类基层配合比不同时的定额调整
3	钢筋品种比例不同时的定额调整
4	砂浆、混凝土强度等级不同时的抽换

3.1　复杂定额的套用

根据设计图的要求，工作内容及确定的工程项目不完全与相应定额的工程项目符合时，不能直接套用简单定额，这些工艺流程必须几个定额联合起来才能完成。

一般在编制时要留意设计的工艺流程与定额的工程内容是否一致，定额中的"项目值"与工艺过程中的消耗是否有差别，如多一种材料或少一种材料，多一种机械或少一种机械。遇到这种情况先要看定额表小注，再看节说明、章说明，但也要特别注意定额总说明及使用要求，以免发生遗漏或者错误。

[例 3-1]　用《预算定额》确定自卸汽车配合挖掘机联合作业 1000 m^3 普通土所消耗的人工、机械数量。(4 t 自卸汽车运距 1.5 km，挖掘机斗容 0.5 m^3)

解： (1)根据路基工程的土石方工程查《预算定额》[15-1-1-11-1+2]。

工程内容：①装、运、卸；②空回。

定额单位：1000 m^3。

(2)分析工艺流程：缺挖土工序，补查《预算定额》[12-1-1-9-5]。

工程内容：挖掘机就位，开辟工作面，挖土或爆破后石方的装车、移位，清理工作面。

定额单位：1000 m^3。

(3)分析量表的工艺流程，合并相加后，定额单位1000 m^3，工程数量为1000 m^3，则消耗的人工、机械数量为：

人工：4.5/1000 m^3×1000 m^3=4.5 工日；

挖掘机：1.98/1000 m^3×1000 m^3=1.98 台班；

自卸汽车：1000 m^3×[11.19+1.44×(1.5−1)/0.5]/1000 m^3=12.63 台班。

3.2 定额抽换

定额抽换，就是指当设计文件中所规定的工作内容、子目与定额表中某序号所列的规格(如混凝土标号)不符时，应查用相应定额或对基本定额进行替换。

因为定额是按一般正常合理的施工组织和正常的施工条件编制的，所以在使用定额时不得因工程的具体情况与定额的规定不同而改变定额。**只有在定额中明文规定可以抽换的情况下，工程造价人员才能对定额进行抽换。**

公路工程《预算定额》中常见的允许调整和抽换的项目主要有：**水泥、石灰稳定土类基层配合比不同时的调整；砂浆、混凝土强度等级不同时的抽换；钢筋品种比例不同时的调整以及周转摊销材料的换算。**抽换前应仔细阅读定额的总说明和章节说明与注解，确定是否能够抽换以及如何抽换。如某设计要求使用C25混凝土，而定额中所列为C20混凝土，此时应查阅基本定额进行计算并予以替换。

[例3-2] 石灰粉煤灰稳定碎石基层，定额标明的配合比为：熟石灰：粉煤灰：碎石=5：15：80，基本压实厚度为20 cm；设计配合比为：熟石灰：粉煤灰：碎石=4：11：85，设计压实厚度为21 cm。试确定熟石灰、粉煤灰、碎石的预算定额值。

解：由预算定额[167-2-1-4-21+22]及路面工程说明可知，定额中所提到的基层每1000 m^2 材料消耗量为熟石灰22.77 t、粉煤灰63.963 m^3、碎石222.11 m^3，其中厚度每增减1 cm的材料用量为熟石灰1.139 t、粉煤灰3.198 m^3、碎石11.10 m^3。

所以，换算后各种材料用量为：

熟石灰：$[22.770+1.139\times(21-20)]\times\frac{4}{5}=19.127$ t；

粉煤灰：$[63.963+3.198\times(21-20)]\times\frac{11}{15}=49.25$ m^3；

碎石：$[222.11+11.10\times(21-20)]\times\frac{85}{80}=247.79$ m^3。

[例 3-3]　某桥预制等截面箱梁的设计图纸中光圆钢筋为 2.50 t、带肋钢筋为 8.20 t。试计算该分项工程的钢筋定额。

解：(1) 由《预算定额》表[697-4-7-16-3]可知，光圆钢筋与带肋钢筋的比例为：0.196∶0.829=0.236。

(2) 设计图纸中光圆钢筋与带肋钢筋的比例为：2.50∶8.20=0.305。可知其与定额中的相应比例不相同，故应进行抽换。

(3) 由《预算定额》附录四可知光圆、带肋钢筋的场内运输及操作损耗为 2.5%。

(4) 故实际定额为(1 t 钢筋)：

$$\text{光圆钢筋}=\frac{2.5}{2.5+8.2}(1+0.025)=0.239\ \text{t}$$

$$\text{带肋钢筋}=\frac{8.2}{2.5+8.2}(1+0.025)=0.786\ \text{t}$$

D02　钢筋抽换动画

[例 3-4]　某桥墩高 15 m，采用浆砌混凝土预制块砌筑，设计砌筑用 M12.5 水泥砂浆，试问编制预算时定额值是否需要抽换？如何抽换？

解：(1) 查预算定额表[588-4-4-5-2]可知定额表中所列砂浆为 M7.5，与设计砂浆强度等级不同，且定额中允许对此种情况进行抽换。故需要进行定额抽换(表 3-2)。

表 3-2　每 10 m^3 砂浆配合比

人工	9.5 工日
混凝土预制块	(9.20) m^3
M7.5 砂浆	(1.30 m^3)
M10 砂浆	(0.07 m^3)
32.5#水泥	0.368 t
中(粗)砂	1.49 m^3

(2) 定额表[445-4-4-5-2]中每 10 m^3 消耗工料机如下。

①根据定额，可以确定每 10 m^3 实体中使用了 1.3 m^3 砂浆砌筑、0.07 m^3 砂浆勾缝。实际施工中的砂浆与定额中的砂浆的联系是二者的体积是相等的，但标号不同。标号不同的砂浆里水泥和中粗砂的百分比是不一样的。此处可以根据基本定额中给出的砂浆百分比对水泥和中(粗)砂进行计算。

②查预算定额中的基本定额可知每 1 m^3 砂浆配合比(表 3-3)。

表 3-3　每 1 m^3 砂浆配合比

	M7.5 砂浆	M12.5 砂浆
32.5#水泥	266 kg	345 kg
中(粗)砂	1.09 m^3	1.07 m^3

如使用 M7.5 砂浆砌筑，根据基本定额可知每 10 m^3 实体中：

$$32.5^{\#}\text{水泥}=1.30\times0.266=0.346\ \text{t}$$

$$\text{中(粗)砂}=1.30\times1.09=1.42\ \text{m}^3$$

如使用 M12.5 砂浆砌筑，根据基本定额可知每 10 m^3 实体中：

$$32.5^{\#}\text{水泥}=1.30\times0.345=0.449\ \text{t}$$

$$\text{中(粗)砂}=1.30\times1.07=1.39\ \text{m}^3$$

③所以，实际消耗的水泥、砂浆的数量为：

$$32.5^{\#}\text{水泥}_{\text{实际}}=32.5^{\#}\text{水泥}_{\text{定额}}-32.5^{\#}\text{水泥}_{\text{砌筑 M7.5}}+32.5^{\#}\text{水泥}_{\text{砌筑 M10}}$$

$$=0.368-0.346+0.449=0.471\ \text{t}$$

$$\text{中(粗)砂}_{\text{实际}}=\text{中(粗)砂}_{\text{定额}}-\text{中(粗)砂}_{\text{砌筑 M7.5}}+\text{中(粗)砂}_{\text{砌筑 M10}}$$

$$=1.49-1.42+1.39=1.46\ \text{m}^3$$

D03 砂浆抽换动画

思考与练习

(1)什么样的情况下才可以进行定额抽换？

(2)某水泥石灰稳定土基层，定额标明的配比为 6∶4∶90，设计配比为 5.5∶3.5∶91，压实厚度 16 cm，试计算水泥、石灰、土的实用定额值。预算定额表节选见表 3-4。

表 3-4 每 1000 m^2

项 目	单位	稳定土拌和机拌和水泥石灰土基层	
		水泥∶石灰∶土=6∶4∶90	
		压实厚度 15 cm	每增减 1 cm
$325^{\#}$水泥	t	20.392	1.02
熟石灰	t	14.943	0.747
土	m^3	268.07	13.4

(3)试计算 M5 水泥砂浆砌筑的浆砌块石基础的预算定额。

学习参考资料

本单元主要介绍定额相关计算，其参考资料见第 2 单元。

课后实训

班级：　　　　　学号：　　　　　姓名：　　　　　日期：

训练成绩	
训练任务	公路工程定额抽换
训练目的	掌握定额抽换
训练项目	某高速公路接线，路基排水工程包括路堑边沟、排水沟、截水沟、急流槽、改渠及改沟等项目。其中路堑边沟采用浆砌片石砌筑，其中一部分工程量为 M5 浆砌片石护脚 139.78 m^3、2 cm M10 水泥砂浆勾缝，试确定其工料机预算消耗量
训练提示	抽换时，应注意哪些材料需要抽换、哪些材料不需要抽换
解题过程	
实训总结	

单元 4　公路工程定额管理

知识目标： 了解公路工程定额的特点；
了解时间定额与产量定额的计算；
了解定额的测定方法。
能力目标： 能够编制劳动定额。
素质目标： 能配合各级造价管理部门定额编制工作；
具有公路工程定额相关法律意识。

课程导入

定额是规定在生产中各种社会必要劳动的消耗量的标准额度，是计算用工、用料和机械台班消耗量的依据。工程建设定额是在正常施工条件下，完成规定计量单位的产品所必需的人工、材料、施工机械台班消耗量的额定标准。这些产品应当符合相关法规、标准和规范的要求，并能反映一定时间施工技术和工艺水平。

公路工程定额一般分两部分(表 4-1)：一部分是实物定额；另一部分是费用定额。

表 4-1

实物定额	《公路工程施工预算定额》
	《公路工程预算定额》
	《公路工程概算定额》
	《公路工程估算指标》
费用定额	《公路工程机械台班费用定额》
	《公路工程基本建设项目投资估算编制办法》中规定的各项费用定额或费率
	《公路工程基本建设项目概预算编制办法》中规定的各项费用定额或费率

4.1　定额的特点

我国公路工程定额具有**科学性**、**系统性和统一性**、**权威性和强制性**、**稳定性和时效性**等特点。

1. 定额的科学性

公路工程定额的科学性包括两方面的含义，即制定的科学性与管理的科学性。定额的科学性，表现在用科学的方法制定定额，力求定额水平合理，以及表现在对已制定的定额进行有效管理，不断适应社会的变化。

2. 定额的系统性和统一性

工程建设定额是相对独立的系统。它是由多种定额结合而成的有机整体，它有着复杂的结构、鲜明的层次和明确的目标。比如说，预算文件的编制就需要用到《公路工程预算定额》《公路工程机械台班费用定额》和《公路工程建设项目概预算编制办法》。工程建设定额是为工程建设服务的。工程建设本身的特点决定了工程建设定额的多层次、多种类。

3. 定额的权威性和强制性

定额在某些情况下具有经济法规性质和执行的强制性。工程建设定额权威性的基础是定额的科学性，既有利于定额的有效推广，也有利于理顺工程建设有关各方的经济关系。

4. 定额的稳定性和时效性

定额的稳定性是维护定额的权威性所必须的，更是有效地贯彻定额所必须的。工程建设定额是一定时期技术发展与管理水平的反映，因而在一段时间内都表现出稳定的状态。根据情况的不同，稳定的状态时间有长有短，一般在5~10年。

从另一方面来说，定额的稳定性是相对的，当生产力发展到一定程度，定额与已经发展的生产力不相适应，甚至不再能起到促进生产力发展的作用时，工程建设定额就需要修订或者重新编制，这就是定额的时效性。

4.2 定额的分类

工程建设定额是一个综合概念，是工程建设中各类定额的总称。它包括许多种类的定额，由于具体的生产条件各异，根据使用对象和组织生产的目的不同，将制定和使用不同的定额。工程建设定额可以按照定额的编制程序和用途分为**施工定额、预算定额、概算定额、投资估算指标**四种。

1. 施工定额

施工定额，是建筑安装工人合理的劳动组织或工人小组在正常的施工条件下，为完成单位和各产品所需的劳动、机械、材料消耗的数量标准。

(1)施工定额的作用

施工定额是建筑安装企业内部管理的定额，属于企业定额的性质，一般只有施工企业内部人员使用，各施工企业的使用规定不一定相同。

施工定额是施工企业组织生产、编制施工阶段施工组织设计和施工作业计划、签发工程任务单和限额领料单、考核工效、计算劳动报酬以及加强企业成本管理、经济核算、编制施工预算的依据。除此之外，施工定额还是编制预算定额和补充定额的基础。

(2)施工定额的内容和形式

施工定额的内容，包括劳动定额、机械消耗定额、材料消耗定额三部分。汇编成册的施工定额内容一般包括：文字说明、分节定额、附录。

施工定额有两种表现形式，即时间定额与产量定额。

①时间定额，是工人在正常的施工条件下，为完成单位和各产品或工作任务所消耗的必要劳动时间。时间定额以工日为单位。按现行规定，**公路工程每个工日一般按工作8小时计，潜水作业每个工日按工作6个小时计，隧道洞内作业每个工日按工作7小时计。**时间定额的计算方法如下：

$$\text{单位产品的时间定额(工日)}=\frac{1}{\text{每工产量}} \tag{4-1}$$

或者

$$\text{单位产品的时间定额(工日)}=\frac{\text{班组成员工日数总和}}{\text{班组完成产量数量总和}} \tag{4-2}$$

②产量定额，是指在正常施工条件下，在单位时间（工日）内所应完成合格产品的数量，其计算方法如下，时间定额与产量定额互为倒数。

$$\text{产量定额}=\frac{1}{\text{单位产品时间定额(工日)}} \tag{4-3}$$

或者

$$\text{产量定额}=\frac{\text{班组完成产品数量总和}}{\text{班组成员工日数总和}} \tag{4-4}$$

[例4-1]　生产某产品的工人小组由5人组成，每个小组的成员工日数为1工日，完成的合格产品数量为40 m^2，则相应的时间定额应为多少？相应的产量定额为多少？

解：

$$\text{时间定额}=\frac{1\times5}{40}=0.125\ \text{工日}/m^2$$

$$\text{产量定额}=\frac{40}{1\times5}=8\ m^2/\text{工日}$$

（3）施工定额的编制原则

①简明适用性。

②以专家为主。

③企业独立自主编制。

④平均先进性，**平均先进水平是一种可以鼓励先进、勉励中间、鞭策落后的定额水平，是编制施工定额的理想水平。**

[例4-2]　某单位产品在12个月的实耗工时统计资料分别为(h)：24、25、23、26、27、30、36、33、35、24、35、26。试求产品的平均实耗工时和平均先进定额。

解：

$$\text{平均实耗工时}=\frac{\sum_{i=1}^{12}t_i}{12}=\frac{24+25+23+26+27+30+36+33+35+24+35+26}{12}=28.67\ \text{h}$$

$$\text{先进平均工时}=\frac{24+25+23+26+27+24+26}{7}=25\ \text{h}$$

$$\text{平均先进工时}=\frac{28.67+25}{2}=26.84\ \text{h}$$

2. 预算定额

预算定额，是在施工定额的基础上通过综合扩大的方法计算编制出来的。预算定额是编制施工图预算的主要依据，是进行技术经济分析的依据，是编制施工组织设计的依据，也是确定和控制工程造价的基础，同时还是编制概算定额和概算扩大定额的基础。**预算定额水平是社会平均水平，比施工定额的定额水平低**。

预算定额的计算方法与表现形式如下。

(1) 人工工日消耗量的计算方法

根据预算定额工程项目所包含的工程量，通过查阅施工定额，可计算出每一个项目的人工工日消耗量，即

$$人工工日消耗量=[\sum(施工定额人工工日数\times工程数量)]\times人工幅度差系数 \tag{4-5}$$

(2) 材料消耗量的计算方法

材料消耗量是指在正常施工条件下，完成单位合格产品所必须消耗的材料数量。公路工程材料消耗定额为：

$$材料消耗量=材料净用量+场内运输及操作消耗量 \tag{4-6}$$

或者

$$材料消耗量=材料净用量\times(1+场内运输及操作损耗率) \tag{4-7}$$

(3) 机械台班消耗量的计算方法

根据预算定额工程项目所包含的工程数量，通过查阅施工定额，可计算出本项目的机械台班消耗量。一个工程项目可能需要集中施工机械，分别对每一种施工机械的台班消耗量进行计算。

$$机械台班消耗量=[\sum(定额机械台班数)\times工程数量]\times机械台班幅度差系数 \tag{4-8}$$

3. 概算定额

概算定额，是在预算定额的基础上，确定完成合格的单位扩大分项工程或单位扩大结构构件所需消耗的人工、材料和机械台班的数量标准，所以**概算定额又称扩大结构定额**。

概算定额与预算定额的内容差别不大，主要包括总说明、章节说明、工程定额表。概算定额与预算定额的形式比较类似，导致这两种定额的计算规则和使用方法一样。

概算定额是初步设计阶段编制建设项目概算和技术设计阶段编制修正概算的依据，是设计方案比较的依据，是编制主要材料需要量的计算基础，是编制建设项目投资估算指标的基础。在不具备施工图预算的情况下，概算定额还可以作为指定工程标底的基础。

4. 投资估算指标

投资估算指标以独立的建设项目、单项工程或单位工程为对象，是作为项目前期服务的一种扩大的技术经济指标。**估算指标是编制建设项目建议书、可行性研究报告等前期工作阶段投资估算的依据，也可以作为编制固定资产长远规划投资额的参考**。公路工程投资估算指标根据基本建设前期工作的深度和要求，分为综合指标和分项指标两类。

综合指标是编制建设项目建议书投资估算的依据，主要用于在经济上研究建设项目的选择、某条公路或某座桥梁建设的合理性、全国公路网布局的合理性以及建设规模和长远发展规划等。分项指标是编制建设项目可行性研究报告投资估算的依据，也可作为技术方

案比较的参考，主要用于在经济上确定近期建设方案和建设项目的成本，以便研究经济效益是否可行。

投资估算指标是项目建议书和可行性研究报告的编制基础，是建设项目经济性比较的基础，是建设项目造价确定和控制的依据。

各种定额的关系比较见表 4-2。

表 4-2　各种定额的关系比较

<table>
<tr><th>定额</th><th>编制对象</th><th>用途</th><th>项目划分</th><th>定额水平</th><th>定额性质</th></tr>
<tr><td>施工定额</td><td>工序</td><td>编制施工预算</td><td>最细</td><td>平均先进</td><td>企业定额</td></tr>
<tr><td>预算定额</td><td>工序</td><td>编制施工图预算</td><td>细</td><td rowspan="3">社会平均</td><td rowspan="3">计价性定额</td></tr>
<tr><td>概算定额</td><td>扩大分项工程</td><td>编制设计概算</td><td>粗</td></tr>
<tr><td>投资估算指标</td><td>独立、完整项目</td><td>编制投资估算</td><td>很粗</td></tr>
</table>

5. 按主编单位和管理权限分类

按主编单位和管理权限工程建设定额可分为全国定额、行业定额、地区定额、企业定额。

（1）全国定额：是由国家建设行政主管部门，综合全国工程建设中技术和施工组织管理的情况编制，并在全国范围内执行的定额，如《通用安装工程消耗定额》。

（2）行业定额：是考虑到各行业部门专业工程技术的特点，以及施工生产和管理水平编制的，一般是只在本行业和相同专业性质的范围内使用的专业定额，如矿井建设工程定额、铁路建设工程定额、公路建设工程定额等。

（3）地区定额：包括省、自治区、直辖市定额。地区统一定额主要是考虑到地区性补充编制的。由于各地区不同的气候条件、经济技术条件、物质资源条件和交通运输条件等，构成对定额项目、内容和水平的影响，是地区统一定额存在的客观依据。

（4）企业定额：是指由施工企业考虑本企业具体情况，参照国家、部门或地区定额的水平制定的定额。企业定额只在企业内部使用，是企业素质的一个标志。企业定额水平一般应高于国家现行定额，才能满足生产技术发展、企业管理和市场竞争的需要。

4.3　公路工程定额的管理

施工过程一般可分为动作、操作和工序。把施工过程分解为动作、操作和工序的目的，就是要分析研究这些组成部分的必要性和合理性，测定每个部分的工时消耗，分析其相互关系和衔接时间，最后确定施工过程及工时定额。

动作是指工人参加劳动时一次完成的最基本的活动。

操作是由若干个动作构成，指工人为完成工序产品的组成部分所进行的生产活动。

工序由若干操作构成。工序是指一个或多个工人，在工作现场利用工具、机械对同一劳动对象连续进行的生产活动。

1. 工作时间分工人工作时间和机械工作时间。

(1)工人工作时间。

工人工作时间由定额时间和非定额时间组成，详见图 4-1。

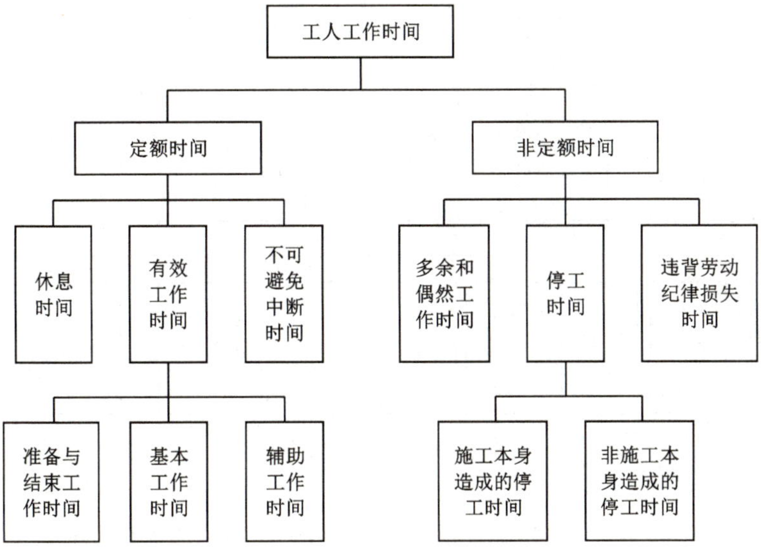

图 4-1　工人工作时间分类图

定额时间是指为完成某一部分建筑产品所必须消耗的时间。定额时间由有效工作时间、休息时间和不可避免中断时间组成。有效工作时间由准备与结束工作时间、基本工作时间和辅助时间组成。

非定额时间是指非生产必须的工作时间，也就是工作时间损失。非定额时间由多余和偶然工作时间、停工时间、违背劳动纪律损失时间组成。停工时间由施工本身造成的停工和非施工本身造成的停工时间组成。

(2)机械工作时间。

机械工作时间由定额时间和非定额时间组成，详见图 4-2。

机械定额时间由有效工作时间、不可避免的无负荷工作时间和不可避免中断时间组成。有效工作时间由正常负荷下的工作时间和非正常负荷下的工作时间组成；不可避免中断时间由与操作有关的不可避免的中断和与操作无关的不可避免的中断组成；不可避免的空转由循环下不可避免的空转和定时不可避免的空转组成。

机械非定额时间由多余和偶然工作时间、停工时间、违背劳动纪律损失时间组成。其中，停工时间由施工本身造成的停工时间和非施工本身造成的停工时间组成。

2. 定额测定方法

定额的测定是制定定额的基础。定额测定一般采用计时观察法，它以研究工时消耗为对象，以观察测时为手段，通过密集抽样和粗放抽样等技术进行直接的时间研究。

人工定额测定，首先是分析基础资料，确定影响工时消耗的因素，整理分析计时观测

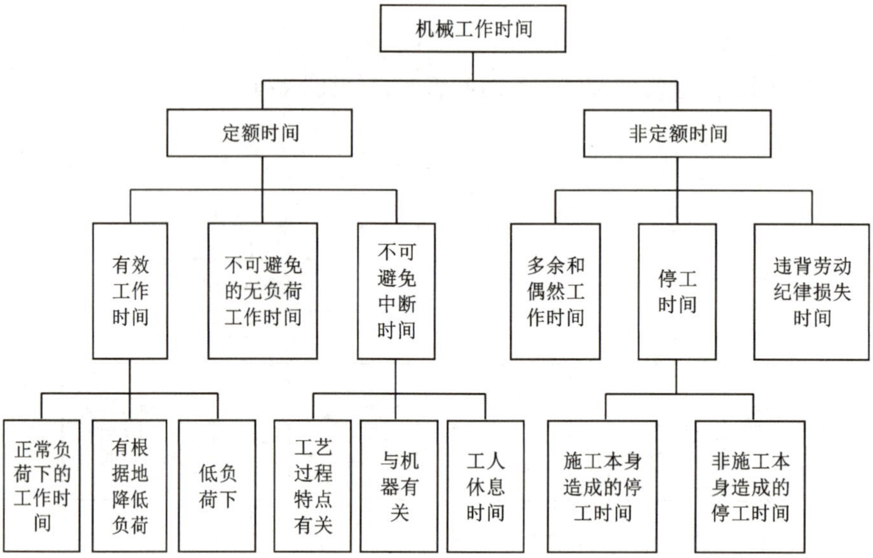

图 4-2　机械工作时间分类图

资料，拟订定额编制方案；其次是确定正常的施工条件，即工作地点、施工人员、具体工作内容等；最后是确定人工定额消耗计算方法。

机械定额测定，首先是确定正常的施工条件，拟订工作地点的合理组织；其次是确定机械一小时纯工作生产率；再次是确定施工机械的正常利用系数；最后是计算施工机械台班定额，计算净消耗和损耗。

材料消耗定额测定，首先要确定材料消耗性质，即对必需的材料消耗和必要的材料损失予以确定；其次是要确定材料消耗量的基本方法。材料消耗定额与人工定额和机械定额不同，它以材料、成品、半成品等的单位为计量单位，而人工定额和机械定额一般以时间为计量单位。

以时间为计量单位的定额测定方法一般采用三时估计法，即

$$P=\frac{a+4m+b}{6} \tag{4-9}$$

式中：P 为定额时间；a 为最小用时；b 为最大用时；m 为最可能用时。

时间测定一般可采用间隔测定法和连续测定法。间隔测定法适用于工序或动作延续时间较短的情况。连续测试法适用于测定各工序或动作延续时间较长的情况。

［例 4-3］　某混凝土拌和机拌和混凝土，最小用时为 125 s，最可能用时为 131 s，最大用时为 146 s，求定额时间。

解：$P=(a+4m+b)/6=(125+4\times131+146)/6=132.5$ s

D04　三时估计法动画

3. 劳动定额的编制

劳动定额是根据国家的经济政策、劳动制度和有关技术文件及资料制定的。制定劳动定额常用采用计时观察法。由于计时观察法在工程施工中以现场观察为主要技术手段，所以又称现场观察法。计时观察法的种类很多，但最主要的有三种：测时法、写实记录法、工作日写实法。

测时法主要适用于测定那些定时重复的循环工作的工时消耗，是精确度比较高的一种计时观察法，一般可达到0.2～15 s。写实记录法是一种研究各种性质的工作时间消耗的方法，包括基本工作时间、辅助工作时间、不可避免中断时间、准备与结束工作时间以及各种损失时间。工作日写实法是一种研究整个工作班内的各种工时消耗的方法。运用工作日写实法主要有两个目的：一是取得编制定额的基础资料，二是检查定额的执行情况，找出缺点并进行改进。

1）劳动定额的编制方法

时间定额和产量定额是劳动定额的两种表现形式。

假设5个人在正常施工条件下花四天时间挖了一个深2 m的基坑，共挖出土方44.6 m^3，即该分项工程的时间定额为20工日/44.6 m^3。在定额中会采用整数工程量来表达，如448.4工日/1000 m^3。本小节只对技术测定法和统计分析法做简单介绍。

（1）技术测定法。

通过计时观察资料，可以经过统计分析获得某工序的各种必须消耗时间和完成的工序计量单位的工程量。对施工过程进行及时观察后，对测时数据进行整理分类，分别统计基本工作时间、辅助工作时间、不可避免中断时间、准备与结束工作时间、休息时间，然后确定时间定额。

（2）统计分析法。

统计分析法以积累的大量统计资料为基本依据，这些数据的准确性和真实性直接影响到定额的精度。用统计分析法制定定额时，其平均实耗工时可按下式计算：

$$M=\frac{\sum_{i=1}^{n}t_i}{n} \tag{4-10}$$

式中：t_i为统计资料所提供的完成单位合格产品的实耗时间；n为提供数据中的数值个数。

将小于平均实耗工时M的n个数据挑出来，计算平均值，即先进平均的实耗工时：

$$M'=\frac{\sum_{i=1}^{n'}t_i}{n'} \tag{4-11}$$

所以，平均先进定额=（平均实耗工时+先进平均的实耗工时）/2。

［例4-4］　人工挖土方，土质为潮湿的黏性土，按土质分类属二类土（普通土）。计时观察资料表明，挖1.8 m^3需要消耗基本工作时间150 min，辅助工作时间、不可避免中断时间、准备与结束工作时间、休息时间分别占工作延续时间的2%、1%、2%、20%，试拟定人工挖土方（普通土）每1 m^3的劳动定额。

解：必须消耗时间=基本工作时间+辅助工作时间+不可避免中断时间+准备与结束工作时间+休息时间。

设必须消耗时间为 x，则有：

$$x=150+x(2\%+1\%+2\%+20\%)=150+0.25x$$

$$x=200\ \text{min}$$

即

$$时间定额=200\div60\div8\div1.8=0.231(工日/\text{m}^3)$$

$$产量定额=1/时间定额=1/0.231\approx4.329(\text{m}^3/工日)$$

2)机械定额的编制方法

编制机械消耗定额时，通常先确定产量定额，再计算时间定额。机械时间定额以“台班”为单位，即一台机械工作一个工作班的时间。一个作业班时间为 8 h。

(1)确定机械 1 h 纯工作正常生产率。

根据机械工作特点的不同，机械 1 h 纯工作正常生产率的的确定方法也有所不同。

①对于循环动作机械，确定 1 h 纯工作机械正常生产率的计算公式如下：

$$机械纯工作1\ \text{h}正常生产率=纯工作1\ \text{h}循环次数\times1次循环生产的产品数 \tag{4-12}$$

②连续动作机械，确定机械纯工作 1 h 正常生产率时，要根据机械的类型和结构特征，以及工作过程的特点来进行。计算公式如下：

$$连续动作机械1\ \text{h}纯工作正常生产率=\frac{工作时间内产品的数量}{工作时间} \tag{4-13}$$

(2)确定施工机械的正常利用系数。

在一个工作班内，除了机械纯工作时间，还有正常状态下的准备与结束工作，机械启动、机械维护等工作所必需消耗的时间以及机械有效的开始与结束时间。机械的正常利用系数，是指机械在工作班内对工作时间的利用率。机械的利用系数和机械在工作班内的工作状况有密切的关系。

机械正常利用系数的计算公式如下：

$$机械正常利用系数=\frac{机械在一个工作班内纯工作时间}{一个工作班延续时间(8\ \text{h})} \tag{4-14}$$

(3)机械定额的编制与计算方法。

计算施工机械定额是编制机械定额工作的最后一步，在确定了机械工作正常条件、机械 1 h 纯工作正常生产率和机械正常利用系数之后，采用下列公式计算施工机械的产量定额。

$$机械台班产量定额=1\ \text{h}纯工作正常生产率\times工作班延续时间\times机械正常利用系数 \tag{4-15}$$

$$机械台班产量定额=机械1\ \text{h}纯工作正常生产率\times工作班纯工作时间 \tag{4-16}$$

$$施工机械时间定额=\frac{1}{机械台班产量定额} \tag{4-17}$$

[例 4-5] 某工程现场采用出料容量 250 L 土搅拌机，每一次循环中，装料、搅拌、卸料、中断需要的时间分别为 1 min、3 min、1 min、1 min，机械正常利用系数为 0.9，试求该机械定额。

解：该搅拌机一次循环的正常延续时间 = 1+3+1+1 = 6 min

该搅拌机 1 h 纯工作循环次数 = 60÷6 = 10 次

该搅拌机 1 h 纯工作正常生产率 = 10×250 = 2500 L = 2.5 m^3

该搅拌机台班产量定额 = 2.5×8×0.9 = 18 m^3/台班

该搅拌机台班产量定额 = 1÷18 = 0.056 台班/m^3

思考与练习

(1)试确定钢筋工程施工定额中的劳动定额。已知准备机具等消耗时间 10 min，钢筋切断消耗时间 30 min，钢筋弯曲消耗时间 20 min，调直钢筋消耗时间 52 min，焊接成型消耗时间 350 min，操作过程中由于供料不足停工 20 min，由于停电造成停工 5 min，操作完成后清理工作消耗 8 min。

问：①计算钢筋施工所消耗的基本工作时间。

②计算钢筋施工所消耗的定额时间。

③若在上述时间内完成的钢筋数量为 1.25 t，参加施工的人员为 5 人，试计算劳动定额。

(2)试测算某项工作的测时数据见表 4-3。

表 4-3

项目	测时编号									
	1	2	3	4	5	6	7	8	9	10
完成数量/件	15	24	30	20	10	15	20	40	20	25
耗时/min	18.6	25.2	26.4	39.8	17.7	20.4	18.8	28.8	21.4	21.5

问：①计算该工作完成一件产品的平均实耗工时和平均先进实耗工时。

②假定该工作的非工作耗时(指准备工作时间、合理中断、休息时间及结束整理时间)占定额时间的 15%，请确定施工定额(计算时均取三位小数)。

(3)在确定自卸汽车运输路基土方(装载机装车)的机械定额，已知各项基础参数见表 4-4。

表 4-4

项目	装车时间	卸车时间	调位时间	等待时间	运行时间	
					重载	轻载
时间消耗/min	3.305	1.325	1.250	1.000	11.952	10.676

问：假定时间利用系数为0.9，试求该机械定额。

学习参考资料

本单元相关参考资料，见前一单元。

课后实训

班级：　　　　　学号：　　　　　姓名：　　　　　日期：

训练成绩	
训练任务	人工定额和机械定额的计算
训练目的	掌握时间定额和产量定额的计算

训练项目

某工作用统计分析法编制定额，定额编制人员收集了前三年的施工统计资料，将施工停机资料进行了初步筛选，完成 1 m^3 隧道洞内工程消耗的人工和机械作业时间如下，试编制施工定额的劳动消耗定额和机械消耗定额

组数	1	2	3	4	5	6	7	8	9	10	11	12
人工/h	24	25	23	26	27	30	36	33	35	24	35	26
机械/min	210	223	226	258	250	261	246	268	272	221	236	246

训练提示	平均实耗工时→先进平均工时→平均先进工时→人工(机械)的时间定额和产量定额

解题过程

训练项目

用工作日写实法，确定自卸汽车运输路基土方(装载机装车)的机械定额。各项基础参数如下。

问：①假定时间利用系数为 0.9，请问其循环工作时间和台班循环次数是多少？

②假定自卸汽车车厢容积为 8 m^3，每天施工 12 h，每天准备机具和保养等消耗时间为 10 min，试计算其每 1000 m^3 的时间定额

训练提示	机械 1 h 纯工作时间→计算台班循环次数→计算机械时间定额→计算土方数量→时间定额

解题过程

实训总结

课程思政

$425^{\#}$水泥比 $325^{\#}$水泥更便宜

工程概况	1. H 路桥公司承接了 HY 高速公路第 15 合同段施工项目。后 H 公司在施工过程中，根据工地会议记录，向驻地监理递交了增设某涵洞的变更。 2. 驻地监理审核后，逐级签字认可。 3. 变更文件递交业主后，业主签字认可。 4. 之后，业主要求 H 公司将所有涵洞混凝土用水泥均改为 $425^{\#}$水泥。H 公司表示反对，拒绝将 $325^{\#}$水泥更换为 $425^{\#}$水泥 **提示：$425^{\#}$、$325^{\#}$水泥均为旧标准**
业主意见	1. 业主合约部在审核增设涵洞的变更时，发现有些涵洞部位的 $325^{\#}$水泥比 $425^{\#}$水泥的价格更高。经对比 H 公司投标文件，以上两种水泥价格无误。 2. 合约部将该变更中的 $325^{\#}$水泥全部换成 $425^{\#}$水泥，经设计代表和总工办审查后，结论是用 $425^{\#}$水泥替换 $325^{\#}$水泥不影响该涵洞的承载力。 3. 后业主要求设计代表对所有涵洞进行计算，看有多少 $325^{\#}$水泥可以用 $425^{\#}$水泥替代。按业主要求，设计院对所有涵洞进行了计算，确定了可以替换为 $425^{\#}$水泥的范围，并书面通知业主。 4. 业主通知 H 公司，水泥价格反常，符合不平衡报价的特征，应将所有涵洞的 $325^{\#}$水泥换成 $425^{\#}$水泥。 5. 业主要求监理公司尽快在工地会议上通过、并以会议纪要确定此事
施工单位意见	1. 水泥价格不合常理，的确是投标策略，但并非我公司使用不平衡报价，而是通过降低少量水泥的价格来提高竞争力。 2. H 公司表示可以接受在增设涵洞变更中使用 $425^{\#}$水泥及其价格。 3. H 公司认为将原有设计中的 $325^{\#}$水泥换成 $425^{\#}$水泥，其本质是更改了中标实质性条件，违反了施工合同，不合理。 4. H 公司表示可以在今后所有的变更中，接受 $425^{\#}$水泥的价格。 5. 后经监理公司协调，业主不再要求将所有 $325^{\#}$水泥替换成 $425^{\#}$水泥，H 公司也同意在以后的变更中使用 $425^{\#}$水泥及其价格
分歧分析	此案例中，业主与施工方的分歧为：是否能够将涵洞用 $325^{\#}$水泥全部替换成 $425^{\#}$水泥。 1. 按投标文件，报价中的确有 $325^{\#}$水泥和 $425^{\#}$水泥价格。 2. 将设计中的 $325^{\#}$水泥全部替换成 $425^{\#}$水泥，属于工程重大变更，事实上将改变中标实质性条件。 3. H 公司可以主动提出替换水泥，但业主无权要求 H 公司提出。 4. 业主有权要求在变更中使用 $425^{\#}$水泥及其价格。 5. 如果双方对价格问题不能达成统一，一般情况下可通过上级交通建设主管部门相关机构进行协调

模块三　公路工程概(预)算

<table>
<tr><td>引入思考</td><td colspan="2">公路工程概(预)算是施工图设计文件的重要组成部分。在编制概(预)算时，造价人员需要结合具体的施工方案、施工工艺、分项工程数量等因素，取定辅助工程的工程量，准确地套用相关定额，才能合理确定和有效控制公路工程的造价。初学者不但要掌握概预算相关的编制方法，而且要有一定的工程施工常识，才能顺利完成概(预)算的编制。
本模块主要讲述的内容有三个，即公路工程概(预)算文件的费用组成、公路工程概(预)算的费用计算和公路工程概(预)算的编制流程。
目前，编制公路工程概(预)主要是依靠造价编制软件进行，软件编制预算可以节省造价人员大量的时间。但初学者应先掌握好手工编制公路工程预算的要点，后续再学习公路工程造价软件的操作。
公路工程概(预)算文件分为甲组文件和乙组文件。其中乙组文件为计算数据表格，甲组文件为统计数据表格。因此，编制概(预)算文件的顺序为先完成乙组文件，后完成甲组文件。由于乙组文件所有表格均围绕 21-2 表展开，所以 21-2 表就是乙组文件的核心。在初学概(预)算编制时，应特别重视 21-2 表的编制</td></tr>
<tr><td rowspan="3">学习内容</td><td>工料机单价确定</td><td>根据各省交通造价管理部门规定确定人工单价，根据各省交通造价管理部门提供的工程材料参考价确定材料预算价格，根据人工单价和材料预算价格确定机械台班费用单价</td></tr>
<tr><td>各项费率确定</td><td>根据《公路工程建设项目概算预算编制办法》和各省费率相关规定确定建设项目费率</td></tr>
<tr><td>甲乙组文件编制</td><td>根据《公路工程建设项目概算预算编制办法》完成甲、乙组文件的编制</td></tr>
<tr><td rowspan="3">学习目标</td><td>知识目标</td><td>了解工料机预算价格计算公式；掌握各项费率的查找方法；掌握建筑安装工程费计算方法；了解甲、乙组文件组成与编制流程</td></tr>
<tr><td>能力目标</td><td>能够确定工料机预算价格；能够正确选取各项费率；能够完成 21-2 表的编制</td></tr>
<tr><td>重点难点</td><td>材料单价确定；措施费费率的确定；21-2 表的编制</td></tr>
<tr><td>学习参考资料</td><td colspan="2">模块三参考资料汇总：
A03 21-2 表参考资料、A04 人工费参考资料、A05 材料费参考资料、A06 机械费参考资料、A07 措施费参考资料、A08 企管费参考资料、A09 规费参考资料、A10 建安费参考资料、A11 征拆费用参考资料
D05 材料价格计算动画、D06 台班费用计算动画、D07 措施费计算动画、D08 企管费率计算动画、D09 规费费率计算动画、D10 建安费计算动画
模块三　数字资源链接</td></tr>
</table>

单元5　21-2 表初编

知识目标： 了解 21-2 表初编的作用；
掌握 21-2 表初编流程。
能力目标： 能够完成 21-2 表初编。
素质目标： 注重预算文件编制细节；
具有工程造价相关法律意识。

课程导入

公路工程概(预)算文件分为甲组文件和乙组文件。其中乙组文件为计算类数据表格，甲组文件为统计类数据表格。因此，编制概(预)算文件的顺序为先完成乙组文件，后完成甲组文件。

乙组文件所有表格均围绕 21-2 表展开，可以说乙组文件的核心就是 21-2 表。

5.1　初编 21-2 表的作用

乙组文件是预算表当中的基础性表格，其目的是计算各分项工程的建筑安装工程费。21-2 表则是乙组文件当中最核心的部分，其余表格都是辅助性的。可以说，乙组文件的编制自 21-2 表开始，又到 21-2 表结束(25 表本质是统计数据表格)。

“初编 21-2 表的作用：列出施工所需的人工、材料、机械的种类，以便转入 22、23-1、23-2、24 表进行计算所列材料的预算价格。”

5.2　初编 21-2 表的步骤

预算 21-2 表编制步骤如下：

第 1 步：列项并填写编制范围、分项工程名称，根据定额填写工程项目、工程细目、定额号。

第 2 步：定额抽换，填写工料机名称、单位与定额。

第 3 步：计算数量。

详细编写顺序见表 5-1。

5.3　审核 21-2 表

预算文件编制或造价文件编制时，要求编制与审核分别由两个人完成，以避免编制时出错。

表 5-1 分项工程预算表

分项编号：湖南省长沙市某公路　　工程名称：远运利用石方

代号	工程项目			①			①			①			合计	
	工程细目			①			①			①				
	定额单位			①			①			①				
	工程数量			①			①			①				
	定额表号			①			①			①				
	工、料、机名称	单位	单价/元	定额	数量	金额/元	定额	数量	金额/元	定额	数量	金额/元	数量	金额/元
②	②	②		②	②		②	②		②	②		③	
②	②	②		②	②		②	②		②	②		③	
②	②	②		②	②		②	②		②	②		③	
	直接费	元												
	措施费 I	元												
	措施费 II	元												
	企业管理费	元												
	规费	元												
	利润	元												
	税金	元												
	金额合计	元												

说明：阴影部分为本次需要填写的表格，①②③分别代表第 1 步、第 2 步、第 3 步需要填写的数据

5.4 案例：编制 21-2 表

案例：某公路远运利用石方 20400 m^3，1 m^3 装载机装软石，机动翻斗车运石 200 m，试完成该分项工程对应的 21-2 表。

（1）根据定额［11-1-1-8-2+4×4］、［14-1-1-10-4］（表 5-2、表 5-3）填写 21-2 表，第 1 步结果见表 5-4。

（2）根据定额填写 21-2 表，第 2 步结果见表 5-5。

（3）根据第 2 步结果继续计算，第 3 步结果见表 5-6。

（4）至此，21-2 表已无法继续编制。（缺乏工料机预算价格）

（5）转入 22 表、23-1 表、23-2 表计算工料机预算价格（21-2 中已列出工料机种类规格）。

表 5-2　定额 1-1-8 节选

顺序号	项目	单位	代号	机动翻斗车			
				第 1 个 100 m		每增运 50 m 500 以内	
				土方	石方	土方	石方
1	1 t 以内机动翻斗车	台班	8007046	26.85	32.33	1.63	1.95
2	手扶式拖拉机（带拖斗）	台班	8007054				
3	基价	元	9999001	5172	6877	347	415

表 5-3　定额 1-1-10 节选

顺序号	项目	单位	代号	装载机斗容量/m^3		
				1 以内	2 以内	3 以内
1	1.0 m^3 以内轮胎式装载机	台班	8001045	3.79		
2	2.0 m^3 以内轮胎式装载机	台班	8001047		2.13	
3	3.0 m^3 以内轮胎式装载机	台班	8001049			1.59
4	基价	元	9999001	2218	2099	1987

思考与练习

21-2 表初编的目的是什么？为什么 21-2 表做到一定程度就做不下去了？

学习参考资料

单元学习参考资料链接，见二维码 A03。

A03　21-2 表参考资料

表 5-4　分项工程预算表

分项编号：湖南省长沙市某公路　　工程名称：远运利用石方

代号	工程项目			装载机装土、石方			机动翻斗车、手扶拖拉机配合人工运土、石方						合计	
	工程细目			$1\ m^3$ 以内装载机装软石			机动翻斗车运石 200 m							
	定额单位			$1000\ m^3$ 天然密实方			$1000\ m^3$ 天然密实方							
	工程数量			20.400			20.400							
	定额表号			1-1-10-4			1-1-8-2 改							
	工、料、机名称	单位	单价/元	定额	数量	金额/元	定额	数量	金额/元	定额	数量	金额/元	数量	金额/元
	……													
	金额合计	元												

表 5-5　分项工程预算表

分项编号：湖南省长沙市某公路　　工程名称：远运利用石方

代号	工程项目			装载机装土、石方			机动翻斗车、手扶拖拉机配合人工运土、石方						合计	
	工程细目			$1\ m^3$ 以内装载机装软石			机动翻斗车运石 200 m							
	定额单位			$1000\ m^3$ 天然密实方			$1000\ m^3$ 天然密实方							
	工程数量			20.400			20.400			X_3				
	定额表号			1-1-10-4			1-1-8-2 改							
	工、料、机名称	单位	单价/元	定额	数量	金额/元	定额	数量	金额/元	定额	数量	金额/元	数量	金额/元
1	$1.0\ m^3$ 以内轮胎式装载机	台班		3.790	77.316					Y_3	$Z_3=X_3\times Y_3$		77.316	
2	1 t 以内机动翻斗车	台班					36.230	739.092					739.092	
3	基价	元		2218.000	45247.200		7707.000	157222.800					202470.000	
	金额合计	元			M_1			M_2			M_3		$M=M_1+M_2+M_1+M_3$	

实训报告

班级：　　　　学号：　　　　姓名：　　　　日期：

训练任务	某新建二级公路，其中一段路基工程量为硬土 20330 m^3，采用 2 m^3 挖掘机挖装，12 t 自卸汽车运输运距 4 km	成绩	
训练目的	掌握 21-2 表编制流程与方法		

表 5-6　分项工程预算表

分项编号：湖南省长沙市某公路　　工程名称：远运利用石方

代号	工程项目									合计	
	工程细目										
	定额单位										
	工程数量										
	定额表号										
	工、料、机名称	单位	单价/元	定额	数量	金额/元	定额	数量	金额/元	数量	金额/元

单元6 人工单价确定

知识目标： 掌握人工单价查阅方法；
了解人工单价计算方法。
能力目标： 能够确定公路工程预算人工单价。
素质目标： 使用各地人工单价最新标准的习惯；
具有人工工日单价相关法律意识。

课程导入

湖南省公路工程建设现行人工费单价为 103.68 元，湘交基建〔2019〕74 号；
2019 年湖南省公路工程建设人工费单价为 68.91 元，湘交造价〔2013〕332 号；
2013 年之前湖南省公路工程建设人工费单价为 57.59 元，湘交造价〔2011〕124 号；
2011 年之前湖南省公路工程建设人工费单价为 45.45 元，湘交造价〔2007〕638 号；
2007 年之前的人工费单价为 12.67 元。

请注意，《编制办法》中注明了：人工工日单价仅作为编制概算预算的依据，不作为施工企业实发工资的依据。

6.1 人工费单价的确定

有的地区会根据实际情况单独发文规定工日单价的标准。编制概(预)算时，可直接采用其相应的人工单价。

如湖南省公路工程建设人工费单价可按**湘交基建〔2019〕74 号《湖南省交通运输厅关于发布〈公路工程建设项目投资估算编制办法〉〈公路工程建设项目概算预算编制办法〉补充规定的通知》**，将人工工日单价(含机械工)由 68.91 元/工日调整为 103.86 元/工日，养护类定额的人工费标准，仍按 68.91 元/工日执行。

又比如广东省公路工程建设人工费单价可按**粤交基〔2019〕544 号《广东省交通运输厅关于〈公路工程建设项目投资估算编制办法〉〈公路工程建设项目概算预算编制办法〉及配套指标定额补充规定的通知》**，将人工单价分为：一类地区 135.65、131.23 元/工日，二类地区 126.56 元/工日，三类地区 120.66 元/工日，四类地区 118.99 元/工日。

应当注意的是：人工费单价仅作为编制概预算的依据，不作为施工企业实发工资的依据。

6.2 人工费单价的计算

人工费是指列入概(预)算定额的直接从事建筑安装工程施工的生产工人(包括现场水平、垂直运输等辅助工人)和附属辅助生产单位的工人的人工工日数及工日单价计算的各项费用，但是不包括与材料相关的部分，如采购、运输、保管以及搬运、装卸、相应施工管理费支付工资的人员工资，不应计入人工费。

人工费标准按照本地区公路建设项目的人工工资统计情况以及公路建设劳务市场情况进行综合分析、确定综合工日单价。**综合工日单价由省级交通运输主管部门制定发布，并适时进行动态调整。人工费单价仅作为编制概、预算的依据，不作为施工企业实发工资的依据。**

$$人工费=\sum[(工程数量\times定额单位相应工日)\times工日单价] \tag{6-1}$$

公路工程生产工人每工日人工费是由标准工资、工资性质的津贴、地区生活补贴和劳动保护费组成。可按公式计算工日单价：

$$人工工日单价=\frac{[基本工资+地区生活补贴+工资性津贴]\times(1+14\%)\times12月}{240} \tag{6-2}$$

式中：生产工人基本工资按不低于工程所在地政府主管部门发布的最低工资标准的1.2倍计算；地区生活补贴指国家规定的边远地区生活补贴、特区补贴；工资性津贴指物价补贴，煤、燃气补贴，交通费补贴等。

[例6-1] 试确定某市公路工程生产工人每工日工资单价。

解：因某市的最低标准工资为2280元/月，工资性津贴根据实际调查确定，取240元/月，地区生活补贴为0元。

人工工日单价=[(2280×1.2+240)×(1+14%)]×12÷240=169.63(元/工日)

6.3 09表的填写

确定人工费单价后，将人工费单价填入09表《人工、材料、施工机械台班单价汇总表》，见表6-1。

表6-1 人工、材料、施工机械台班单价汇总表

序号	名称	单位	代号	预算单价/元	备注	序号	名称	单位	代号	预算单价/元	备注
1	人工	工日	1001001	103.86							
…	……	……	……	……							

思考与练习

查询任意三个省的交通建设人工工日单价，并对人工工日单价进行比较。

学习参考资料

单元学习参考资料链接，见二维码 A04。

A04　人工费参考资料

课后实训

班级：　　　　　　学号：　　　　　　姓名：　　　　　　日期：

实训成绩	
实训任务	人工价格的计算
训练目的	对比各省公布的人工工日单价与按理论进行计算的人工工日单价
训练项目	选择 2 个以上的省级行政区域进行人工工日单价计算，并比较当地发布的人工工日单价
训练提示	自行寻找各省发布的相关文件，以及工程所在地政府主管部门发布的最低工资标准
解题过程	
实训总结	

单元 7　材料单价确定

知识目标： 了解材料预算价格查阅方法；
掌握材料预算价格计算方法。
能力目标： 能够确定概预算中材料预算价格。
素质目标： 使用各地方工程材料参考价的习惯；
具有工程材料相关法律意识。

课程导入

确定人工单价之后，接下来是确定材料单价和机械台班单价。本任务将讲解如何确定材料单价(表 7-1)。

表 7-1

序号	材料预算价格	备注
1	材料预算价格的确定	查询各地方造价站相关价格信息
2	材料预算价格的计算	材料预算价格 =(材料原价+运杂费)×(1+场外运输损耗率)×(1+采购及保管费率) -包装品回收价值

7.1　材料预算价格的确定

各省交通运输厅交通建设造价管理站会定期发布工程材料参考价，造价人员编制概预算时，可直接采用工程材料参考价。

以湖南省为例，**湘交造定字〔2021〕12 号《湖南省交通运输厅交通建设造价管理站关于发布〈2021 年 1、2 月湖南省交通建设工程材料参考价及公路工程材料价格指数〉的通知》**，该文件附件如下：

1-1 2021 年 1 月交通建设工程主要材料参考价；

1-2 2021 年 2 月交通建设工程主要材料参考价；

2-1 各市州 2021 年 1 月地方材料参考价；

2-2 各市州 2021 年 2 月地方材料参考价；

3-1 各市州 2021 年 1 月公路工程材料价格指数；

3-2 各市州 2021 年 2 月公路工程材料价格指数。

以钢绞线为例，根据湘交造定字〔2021〕12 号文，2021 年 1 月参考价为 5578 元/t，2021 年 2 月参考价为 5640 元/t，造价人员可以根据工程地点和施工时间选用上述参考价。

7.2 材料预算价格的计算

1. 例题

[例 7-1] 汽车运原木，运距 40 km，求其运杂费。

解：按等地《汽运规则实施细则》查到原木为二等货物，整车长途运价为 0.798 元/(t·km)，返程的空驶损失费按基本运价(0.68 元/t·km)的 50%计，装卸费为 1.0 元/t，捆绑等杂费为 0.3 元/t，由表 5-2 可知木材的单位毛重为 1 t/m^3。

材料单价可概括为：市场价+运费+杂费等。

由此可知每立方米原木的运杂费为：

(40×0.798+1.0+0.3)×1+0.68×50%×40=33.22+13.6=46.82 元

2. 材料预算价格计算公式

材料费指施工过程中耗用的构成工程实体的原材料、辅助材料、构配件、零件、半成品或成品等，按工程所在地的材料价格计算的费用。

材料预算价格由材料原价、运杂费、场外运输损耗、采购及保管费组成。

$$材料预算价格=(材料原价+运杂费)\times(1+场外运输损耗率)\times(1+采购及保管费率)-包装品回收价值 \quad (7-1)$$

2. 材料原价

材料原价即施工单位购买材料时实际支出的市场价格，材料原价应按实计取。各省、自治区、直辖市公路(交通)工程造价(定额)管理站应通过调查，编制本地区的材料价格信息，供编制概、预算使用材料又分为：外购材料和自采材料。其原价按以下规定计算：

①外购材料：外购材料价格参照本行政区域内交通运输主管部门发布的价格和按调查的市场价格进行综合取定。

②自采材料：自采的砂、石、黏土等自采材料，按定额中开采单价加辅助生产间接费和矿产资源税(如有)计算。

3. 运杂费

运杂费系指材料自供应地点至工地仓库(施工地点存放材料的地方)的费用，包括装卸费、运费，还应计囤存费及其他杂费(如果发生)，如过磅、标签、支撑加固、路桥通行等费用。

①通过铁路、水路和公路运输的材料，按调查的市场运价计算运费。

②当一种材料有两个以上的供应点时，应根据不同的运距、运量、运价采用加权平均的方法计算运费。由于概算、预算定额中已考虑了工地运输便道的特点，以及定额中已计入了“工地小搬运”的费用，因此汽车运输平均运距中不得乘调整系数，也不得在工地仓库或堆料场之外再加场内运距或二次倒运的运距。

③有容器或包装的材料及长大轻浮材料，应按表 7-2 规定的毛质量计算。桶装沥青、汽油、柴油按每吨摊销一个旧汽油桶计算包装费(不计回收)。

表 7-2 材料毛重系数及单位毛量表

材料名称	单位	毛重系数	单位毛重
爆破材料	t	1.35	—
水泥、块状沥青	t	1.01	—
铁钉、铁件、焊条	t	1.10	—
液体沥青、液体燃料、水	t	桶装 1.17，油罐车装 1.00	—
木料	m^3	—	原木 0.750 t，锯材 0.65 t
草袋	个	—	0.004 t

4. 场外运输损耗

场外运输损耗指有些材料在正常的运输过程中发生的损耗，这部分损耗应摊入材料单价内。材料场外运输操作损耗率见表 7-3。

表 7-3 材料场外运输操作损耗率表

材料名称		场外运输(包括一次装卸)/%	每增加一次装卸/%
块状沥青		0.5	0.2
石屑、碎砾石、砂砾、煤渣、工业废渣、煤		1.0	0.4
砖、瓦、桶装沥青、石灰、粘土		3.0	1.0
草皮		7.0	3.0
水泥(袋装、散装)		1.0	0.4
砂	一般地区	2.5	1.0
	多风地区	5.0	2.0

注：汽车运水泥如运距超过 500 km 时，增加损耗率(袋装 0.5%)。

5. 采购及保管费

材料采购及保管费指在组织采购、保管过程中，所需的各项费用及工地仓库的材料储存损耗。

材料采购及保管费，以材料的原价加运杂费及场外运输损耗的合计数为基数，乘以采购及保管费费率计算。

钢材的采购及保管费费率为 0.75%，燃料、爆破材料为 3.26%，其余材料为 2.06%。商品水泥混凝土、沥青混合料和各类稳定土混合料、外购的构件、成品及半成品的预算价格计算方法与材料相同。商品水泥混凝土、沥青混合料和各类稳定土混合料不计采购及保管费，外购的构件、成品及半成品的采购及保管费费率为 0.42%。

7.3　22 表的填写

以外购材料柴油为例，某公路工程建设项目，柴油从 20 km 外县城运来，市场价为 6.00 元，运输价格为 3 元/(t · km)，装卸费为 1 元/t，22 表(材料预算单价计算表)填写如表 7-4。

由于自采材料是施工单位自行开采，没有在市场上进行交易，也就没有市场价格，即不存在材料原价。因此，自采材料无法使用式(7-1)进行计算。但此时，可以用材料的实际开采成本替代材料原价，再代入 22 表进行计算(见自采材料片石)。

材料实际开采成本，可以通过 23-1 表(自采材料料场价格计算表)进行计算。

表 7-4 材料预算单价计算表(22 表)

建设项目名称：圆管涵　　编制范围：某二级公路

代号	规格名称	单位	原价/元	运杂费					原价运费合计/元	场外运输损耗		采购及保管费		预算单价/元
				供应地点	运输方式、比重及运距	毛重系数或单位毛重	运杂费构成说明或计算式	单位运费/元		费率/%	金额/元	费率/%	金额/元	
1	柴油	kg	7.440	县城-工地	汽车，1.00，20 km	0.001000	(1.600×20+3.000×2+1.000)×0.001	0.039	7.48			3.260	0.244	7.720
2	片石	m^3	31.735	料场-工地	汽车，1.00，15 km	1.600000	(1.200×15+3.000)×1.6	33.600	65.34			2.060	1.346	66.680
	……													
	……													

D05 材料价格计算动画

说明：柴油是外购材料，材料原价即材料参考价；片石为自采材料，材料原价引用自表 7-6 中金额合计

编制：　　　　复核：

7.4 23-1 表、23-2 表的填写

自采材料的运输又分为汽车运输和自办运输，两种运输方式的运费计算见表 7-5。

表 7-5 自采材料运费计算

自采材料	开采费用计算	运费计算方法	备注
汽车运输	23-1 表	应采用 22 表	材料预算单价计算表
自办运输	23-1 表	应采用 23-2 表	材料自办运输单位运费计算表

当自采材料采用汽车运输时，23-1 表(自采材料料场价格计算表)计算案例见表 7-6。

当自采材料采用自办运输时，23-2 表(材料自办运输单位运费计算表)计算案例见表 7-7。

表 7-6 自采材料料场价格计算表(23-1 表)

编制范围：圆管涵　自采材料名称：片石　单位：m^3　数量：184. 502　料场价格：31. 74

代号	工程项目			片石、块石开采									合计	
	工程细目			机械开采片石										
	定额单位			100 m^3 码方										
	工程数量			0. 010										
	定额表号			8-1-5-2										
	工、料、机名称	单位	单价/元	定额	数量	金额/元	定额	数量	金额/元	定额	数量	金额/元	数量	金额/元
1	人工	工日	103. 86	15. 800	0. 158	16. 410							0. 158	16. 410
2	空心钢钎	kg	6. 84	2. 100	0. 021	0. 144							0. 021	0. 144
3	ϕ50 mm 以内合金钻头	个	31. 88	3. 000	0. 030	0. 956							0. 030	0. 956
4	硝铵炸药	kg	11. 97	20. 400	0. 204	2. 442							0. 204	2. 442
5	非电毫秒雷管	个	3. 16	28. 000	0. 280	0. 885							0. 280	0. 885
6	导爆索	m	2. 05	13. 000	0. 130	0. 267							0. 130	0. 267
7	9 m^3/min 内机动空压机	台班	735. 99	1. 310	0. 013	9. 641							0. 013	9. 641
8	小型机具使用费	元	1. 00	48. 700	0. 487	0. 487							0. 487	0. 487
9	基价	元	1. 00	3139. 000	31. 390	31. 390							31. 390	31. 390
	直接费	元				31. 231								31. 231
	辅助生产间接费	元			3. 000%	0. 504								0. 504
	高原取费	元												
	金额合计	元				31. 735								31. 735

编制：　　　　复核：

表 7-7　材料自办运输单位运费计算表(23-2 表)

编制范围：某二级公路　　自采材料名称：片石　　单位：m^3　　数量：184.502　　单位运费：8.49

代号	工程项目			1.3 t 以内自卸汽车			1.3 t 以内自卸汽车						合计	
	工程细目			片石、大卵石每增运 1 km(3 t 内)			片石、大卵石运 1 km(3 t 内)							
	定额单位			100 m^3			100 m^3							
	工程数量			0.020			0.010							
	定额表号			9-1-6-8			9-1-6-7							
	工、料、机名称	单位	单价/元	定额	数量	金额/元	定额	数量	金额/元	定额	数量	金额/元	数量	金额/元
1	3t 以内自卸汽车	台班	490.72	0.250	0.005	2.454	1.230	0.012	6.036				0.017	8.489
2	基价	元	1.00	121.000	2.420	2.420	594.000	5.940	5.940				8.360	8.360
	直接费	元				2.454			6.036					8.490
	辅助生产间接费	元			3.000			3.000						
	高原取费	元												
	金额合计	元				2.454			6.036					8.490

编制：　　　　　　　　复核：

7.5 审核材料价格

造价人员在编制概预算的过程中，应审核材料预算价格，准确反映工程实际价格。

7.6 优先选用工程材料参考价

造价人员在编制概(预)算的过程中，可选用各级造价站发布的材料参考价或者按材料市场价格计算出材料预算价格。**一般来说，优先采用材料参考价。**

7.7 09 表的填写

确定材料预算价格后，将材料费预算价格填入 09 表《人工、材料、施工机械台班单价汇总表》，见表 7-8。

表 7-8 人工、材料、施工机械台班单价汇总表

序号	名称	单位	代号	预算单价/元	备注	序号	名称	单位	代号	预算单价/元	备注
1	人工	工日	1001001	103.86							
2	铁钉	kg	2009030	4.700							
…	…	…	…	…	…						

7.8 材料价格组成与计算方法一览表

材料价格组成与计算方法总结如下，见表 7-9。

表 7-9 材料预算价格组成及计算方法一览表

<table>
<tr><th>序号</th><th colspan="2">材料预算价格名称</th><th>计算方法</th></tr>
<tr><td rowspan="4">一</td><td colspan="2">材料原价</td><td>材料原价应按实计取。各省、自治区、直辖市公路(交通)工程造价(定额)管理站(局、中心)应通过调查，编制并发布本地区的材料价格信息，供编制概、预算使用</td></tr>
<tr><td>1</td><td>外购材料</td><td>其原价指材料指定交货地点的交易价格。按实际调查价格或当地主管部门规定的价格计算</td></tr>
<tr><td>2</td><td>地方材料</td><td>地方性材料包括外购的砂、石材料等，按实际调查价格或当地主管部门规定的价格计算</td></tr>
<tr><td>3</td><td>自采材料</td><td>自采的砂、石、粘土等自采材料，按定额中开采单价加辅助生产间接费和矿产资源税(如有)计算</td></tr>
</table>

续表7-9

序号	材料预算价格名称	计算方法
二	运杂费	运杂费系指材料自供应地点至工地仓库(施工地点存放材料的地方)的运杂费用，包括装卸费、运费，还应计囤存费及其他杂费(如果发生)，如过磅、标签、支撑加固、路桥通行等费用
		通过铁路、水路和公路运输的材料，按有关部门规定的运价或调查的社会运价计算运费
		一种材料如有两个以上的供应点时，都应根据不同的运距、运量、运价采用加权平均的方法计算运费。由于概、预算定额中已考虑了工地运输便道的特点，以及定额中已计入了“工地小搬运”的费用，因此汽车运输平均运距中不得乘调整系数，也不得在工地仓库或堆料场之外再加场内运距或二次倒运的运距
		有容器或包装的材料及长大轻浮材料，应按表 7-2 规定的毛重计算。桶装沥青、汽油、柴油按每吨摊销一个旧汽油桶计算包装费(不计回收)。
三	场外运输损耗	场外运输损耗系指有些材料在正常的运输过程中发生的损耗，这部分损耗应摊入材料单价内。材料场外运输操作损耗率见表 7-3
四	采购及保管费	材料采购及保管费系指在组织采购、保管过程中，所需的各项费用及工地仓库的材料储存损耗
		材料采购及保管费，以材料的原价加运杂费及场外运输损耗的合计数为基数，乘以采购保管费率计算
		钢材的采购及保管费费率为 0.7%，燃料、爆破材料的采购及保管费费率为 3.0%，其余材料为 2.0%。商品水泥混凝土、沥青混合料和各类稳定土混合料、外购的构件、成品及半成品的预算价格，其计算方法与材料相同，其采购保管费率为 0.4%

思考与练习

(1)某浆砌片石挡土墙工程，使用了自采材料片石 1000 m^3。造价人员按预算定额 1-4-16-7，时间定额为 6.8 工日/10 m^3，人工消耗 6.8×1000/10=680 工日。试讨论上述 680 工日费用是否包括片石开采辅助生产间接费用。

(2)造价人员选用各地方交通建设造价管理站发布的工程材料参考价时，是否需要编制 22 表？

学习参考资料

单元学习参考资料链接，见二维码 A05。

A05　材料费参考资料

实训报告

班级：　　　　学号：　　　　姓名：　　　　日期：

训训练任务	已知部分外购材料原价如下：电焊条 5.73 元/kg、铁件 4.53 元/kg、铁钉 4.70 元/kg、石油沥青 4529.91 元/t、重油 3.59 元/kg、汽油 8.29 元/kg、柴油 7.44 元/kg，运输距离为 20 km，运费标准为 2 元/t·km，装卸一次单价为 3.5 元/t，求上述材料预算价格	成绩	
训练目的	掌握材料预算价格计算方法		

材料预算单价计算表(22 表)

编制范围：某二级公路

代号	规格名称	单位	原价/元	运杂费					原价运费合计/元	场外运输损耗		采购及保管费		预算单价/元
				供应地点	运输方式、比重及运距	毛重系数或单位毛重	运杂费构成说明或计算式	单位运费/元		费率/%	金额/元	费率/%	金额/元	

编制：　　　　复核：

单元 8　机械台班单价确定

知识目标： 了解机械台班费用的分类；
掌握机械台班预算价格计算方法
能力目标： 能够确定机械台班预算价格。
素质目标： 查阅各地方车船税最新标准的习惯；
具有工程施工机械相关法律意识。

课程导入

确定人工与材料预算价格之后，接下来是确定机械台班费用单价。本任务将讲解如何确定机械台班费用单价(表 8-1)。

表 8-1

序号	机械台班费用组成	备注
1	不变费用	机械开动或者不开动，都需要支付的费用
2	可变费用	机械开动时，才需要支付的费用

8.1　公路工程机械台班费用定额

机械台班预算价格没有相应的参考价，造价人员编制概预算时，可根据《公路工程机械台班费用定额》(JTG/T 3833—2018) 和已经确定的材料预算价格来计算机械台班预算价格。

现行《公路工程机械台班费用定额》是交通运输部于 2018 年颁布，2019 年 5 月 1 日起实施的。机械台班费用定额是编制公路基本建设工程设计概算和施工图预算的依据，是计算机械台班单价的依据，是计算台班消耗的人工、燃料等实物量的依据，是编制施工组织设计并进行经济比较的依据。

1. 机械台班费用定额主要内容

《公路工程机械台班费用定额》(JTG/T 3833—2018)包括：土石方工程机械、路面工程机械、混凝土及灰浆机械、水平运输机械、起重及垂直运输机械、打桩、钻孔机械、泵类机械、金属木石料加工机械、动力机械、工程船舶、工程检测仪器仪表、通风机、其他机械等共 13 类 972 个子目。

2. 机械台班费用定额费用组成

机械台班费用由不变费用和可变费用两部分组成。

不变费用包括折旧费、检修费、维护费、安拆辅助费等；可变费用包括机上人员人工费、动力燃料费、车船税。可变费用中的人工工日数及动力燃料消耗量，应以机械台班费用定额中的数值为准。台班人工费工日单价同生产工人人工费单价。动力燃料费用则按材料费的计算规定计算。

3. 机械台班费用定额说明节选

(1)本定额中各类机械(除潜水设备、变压器和配电设备外)每台(艘)班均按 8 h 计算，潜水设备每台班按 6 h 计算，变压器和配电设备每台班按一个昼夜计算。

(2)机械设备转移费不包括在本定额中。

(3)本定额中凡注明“××以内”者，均含“××”数本身。定额子目步距起点均由前项开始，如“30 以内”“60 以内”“80 以内”等，其中“60 以内”指“30 以外至 60 以内”，“80 以内”指“60 以外至 80 以内”。

(4)本定额是按公路工程中常用的施工机械的规格编制的，规格与之相同或相似的，均应直接采用。本定额中未包括的机械项目，各省级交通运输主管部门可根据本定额的编制原则和方法编制补充定额。

[例 8-1]　试分析 135 kW 履带式推土机 12.3 台班基价。

解：查《公路工程机械台班费用定额》土石方工程机械 8001006。

折旧费：209.63 元。检修费：123.21 元。维护费：325.62 元。安装拆卸费：0 元。不变费小计：658.46 元。人工：2 工日。柴油：98.06 kg。定额基价：942.13 元。

12.3 台班基价为：12.3×(658.46+942.13)= 12.3×1600.59=19687.26 元。

8.2　24 表的填写

24 表的填写见表 8-2。

表 8-2　施工机械台班单价计算表(24 表)

建设项目名称：圆管涵　　编制范围：某二级公路

序号	代号	规格名称	台班单价/元	不变费用/元		可变费用/元																车船税	合计
				调整系数		人工		汽油		柴油		重油		煤		电		水		木柴			
				1		103.86（元/工日）		8.60（元/kg）		7.72（元/kg）		3.59（元/kg）		561.95（元/t）		0.85（元/kW·h）		2.72（元/m^3）		0.71（元/kg）			
				定额	调整值	定额	金额	定额	金额	定额	金额	定额	金额	定额	金额	定额	金额	定额	金额	定额	金额		
1	8001002	75 kW 以内履带式推土机	894.76	262.67	262.67	2.00	207.72			54.97	424.37												632.09
2	8001006	135 kW 以内履带式推土机	1623.20	658.46	658.46	2.00	207.72			98.06	757.02												964.74
3	8001030	2.0 m^3 以内履带式液压单斗挖掘机	1522.13	604.71	604.71	2.00	207.72			91.93	709.70												917.42
4	8001035	1.0 m^3 以内履带式机械单斗挖掘机	1065.47	358.34	358.34	2.00	207.72			64.69	499.41												707.13
5	8001045	1.0 m^3 以内轮胎式装载机	596.53	114.16	114.16	1.00	103.86			49.03	378.51												482.37
6	8001047	2.0 m^3 以内轮胎式装载机	1009.12	188.38	188.38	1.00	103.86			92.86	716.88												820.74
7	8005010	400 L 以内灰浆搅拌机	135.37	13.23	13.23	1.00	103.86									21.51	18.28						122.14
8	8005028	3 m^3 以内混凝土搅拌运输车	828.23	413.79	413.79	1.00	103.86			40.23	310.58												414.44
9	8005058	40 m^3/h 以内混凝土搅拌站	1193.43	536.72	536.72	3.00	311.58									406.03	345.13						656.71
10	8007014	8 t 以内自卸汽车	691.60	205.99	205.99	1.00	103.86			49.45	381.75												485.61
11	8007015	10 t 以内自卸汽车	772.26	241.33	241.33	1.00	103.86			55.32	427.07												530.93
12	8007016	12 t 以内自卸汽车	856.29	276.88	276.88	1.00	103.86			61.60	475.55												579.41
14	8009030	25 t 以内汽车式起重机	1362.72	841.18	841.18	2.00	207.72			40.65	313.82												521.54
15	8017049	9 m^3/min 内机动空压机	735.99	270.17	270.17					60.34	465.82												465.82

D06 台班费用计算动画

编制：　　　　复核：

8.3　09 表的填写

确定机械台班费用预算价格后，将其填入 09 表《人工、材料、施工机械台班单价汇总表》，见表 8-3。

表 8-3　人工、材料、施工机械台班单价汇总表

序号	名称	单位	代号	预算单价/元	备注	序号	名称	单位	代号	预算单价/元	备注
1	人工	工日	1001001	103.86							
2	铁钉	kg	2009030	4.700							
…	……	…	…	…							
50	1.0 m^3 以内轮胎式装载机										
…	……	…	…	…							
…	……	…	…	…							

8.4　施工机械使用费组成及计算方法一览表

施工机械使用费组成及计算方法总结如下，见表 8-4。

表 8-4　施工机械使用费组成及计算方法一览表

序号	施工机械使用费名称	费用组成内容及计算方法
一	工程机械使用费	施工机械台班预算价格应按交通运输部公布的《公路工程机械台班费用定额》计算，机械台班单价由不变费用和可变费用组成
1	不变费用	包括折旧费、检修费、维护费、安拆辅助费等
2	可变费用	包括机上人员人工费、动力燃料费、车船税。可变费用中的人工工日数及动力燃料消耗量，应以机械台班费用定额中的数值为准。台班人工费工日单价同生产工人人工费单价。动力燃料费用则按材料费的计算规定计算
二	工程仪器仪表使用费	工程仪器仪表使用费是指机电工程施工作业所发生的仪器仪表使用费，以施工仪器仪表台班耗用量乘以施工仪器仪表台班单价计算
		机电仪器仪表台班预算价格应按交通运输部公布的《公路工程机械台班费用定额》计算； 台班人工费工日单价同生产工人人工费单价。动力燃料费用则按材料费的计算规定计算
		当工程用电为自行发电时，电动机械每 kW·h(度)电的单价可由下述近似公式计算：$A=0.15k/N$ 式中：A 为每 kW·h 电单价，元；K 为发电机组的台班单价，元；N 为发电机组的总功率，kW

思考与练习

某地突降大雪引发交通事故，后续处理需要使用吊车。某吊车司机记录情况见表 8-5，试讨论该 A_1 吊车应计多少个台班。

表 8-5

序号	事件	时间	备注
1	A 吊车公司建议司机 M 换个吊车公司，使用大吨位吊车，司机 M 坚持认为不需要大吨位吊车	07：00	吊车公司声明，可按司机 M 要求出动吊车，但如果无法作业，责任在司机，与吊车公司无关
2	吊车司机 N 发动车辆热车	07：10~07：30	
3	A_1 吊车前往高速 X 收费站	07：30~07：50	
4	吊车进入高速并到达事故方向下个收费站 Y	07：50~08：20	
5	吊车从收费站 Y 掉头驶向事故地点	08：20~08：30	
6	吊车作业不成功	08：30~09：10	
7	吊车从事故地点返回高速 X 收费站	09：10~09：30	
8	吊车返回公司停车场	09：30~09：50	半路接到司机 M 电话
9	司机 M 要求吊车司机 N 返回，与另外一台吊车 B 共同作业	09：45	吊车司机 N 正在返回公司停车场的路上
10	A_1 吊车到达高速 X 收费站	09：45~10：05	吊车司机 N 接到电话后掉头
11	A_1 吊车到达高速 Y 收费站	10：05~10：35	
12	A_1 吊车到达事故地点	10：35~10：45	
13	吊车 B 耽误了 30 分钟	10：45~11：15	
14	A_1 吊车与 B 吊车共同作业	11：15~11：45	
15	现场交通情况导致 A_1 吊车停滞 15 分钟	11：45~12：00	货车由 B 吊车拖回修理厂
16	A_1 吊车返回高速 X 收费站	12：00~12：20	
17	A_1 吊车返回公司停车场	12：20~12：40	

学习参考资料

单元学习参考资料链接，见二维码 A06。

A06 机械费参考资料

实训报告

班级：　　　　学号：　　　　姓名：　　　　日期：

训练任务	完成施工机械台班单价计算表的填写	成绩	
训练目的	掌握机械台班费用定额的使用，另注意车船税		

施工机械台班单价计算表

编制范围：

序号	代号	规格名称	台班单价/元	不变费用/元		可变费用/元													
				调整系数		人工		汽油		柴油		重油		煤		电		车船税	合计
				1		103 .86（元/工日）		8.29（元/kg）		7.44（元/kg）		3.59（元/kg）		561.95（元/t）		0.85（元/kW·h）			
				定额	调整值	定额	金额	定额	金额	定额	金额	定额	金额	定额	金额	定额	金额		
1	8001030			604.71	604.71														
2	8001058			365.13	365.13													5.73	
3	8001089			318.13	318.13														
4	8007016			276.88	276.88													4.40	

单元 9　21-2 表再编

知识目标：了解 21-2 表再编的作用；
掌握 21-2 表再编流程。
能力目标：能够完成 21-2 表再编。
素质目标：核对工料机单价的精准意识；
具有工程造价相关法律意识。

课程导入

21-2 表的编制比较烦琐，需经过初编、再编和终编完成三个步骤(表 9-1)。

表 9-1

序号	内容	过程
1	21-2 表初编	初步填写 21-2 表，并根据预算定额列出施工所需的人工、材料、机械的种类，以便计算相应的预算价格，并将结果填入 09 表
2	21-2 表再编	根据 21-2 表的初编结果和 09 表的人工、材料、机械台班费用预算价格，计算相应单价和金额
3	21-2 表终编	根据 04 表相应费率，计算建筑安装工程费

9.1　再编 21-2 表的作用

21-2 表再编时，由于缺少部分参数，导致编制无法全部完成。

21-2 表再编的作用为：根据 21-2 表的初编结果和 09 表的预算价格，计算相应金额，以便后续计算建筑安装工程费用。

9.2　案例：编制 21-2 表

[案例 9-1]：某公路远运利用石方 20400 m^3，1 m^3 装载机装软石，机动翻斗车运石 200 m，试完成该分项工程对应的 21-2 表。

(1)根据 09 表填写 21-2 表“单价”，第 1 步结果见表 9-2、表 9-3。

(2)根据“单价”计算“金额”，第 2 步结果见表 9-2、表 9-3。

(3)根据“金额”计算“合计”，第 3 步结果见表 9-2、表 9-3。

(4)至此，21-2 表已无法继续编制。(缺乏措施费参数等)

(5)下一步，转入 04 表计算措施费、管理费和规费等参数。

表 9-2　分项工程预算表

分项编号：湖南省长沙市某公路　　工程名称：远运利用石方

代号	工程项目												合计	
	工程细目													
	定额单位													
	工程数量													
	定额表号													
	工、料、机名称	单位	单价/元	定额	数量	金额/元	定额	数量	金额/元	定额	数量	金额/元	数量	金额/元
			①			②			②					③
			①			②			②					③
			①			②			②					③
	直接费	元												
	措施费 I	元												
	措施费 II	元												
	企业管理费	元												
	规费	元												
	利润	元												
	税金	元												
	金额合计	元												

表 9-3　分项工程预算表

分项编号：湖南省长沙市某公路　　工程名称：远运利用石方

代号	工程项目			装载机装土、石方			机动翻斗车、手扶拖拉机配合人工运土、石方						合计	
	工程细目			1 m^3 以内装载机装软石			机动翻斗车运石 200 m							
	定额单位			1000 m^3 天然密实方			1000 m^3 天然密实方							
	工程数量			20.400			20.400			S_{13}				
	定额表号			1-1-10-4			1-1-8-2 改							
	工、料、机名称	单位	单价/元	定额	数量	金额/元	定额	数量	金额/元	定额	数量	金额/元	数量	金额/元
1	1.0 m^3 以内轮胎式装载机	台班	585.09	3.790	77.316								77.316	
2	1 t 以内机动翻斗车	台班	210.68				36.230	739.092					739.092	
3	基价	元	1.00	2218.000	45247.200		7707.000	157222.800					202470.000	
	……													
1	1.0 m^3 以内轮胎式装载机	台班	585.09	3.790	77.316	45237						$J_{e3}=S_{13}\times D_{g1}$	77.316	45237
2	1 t 以内机动翻斗车	台班	210.68				36.230	739.092	155712			$J_{e3}=S_{13}\times D_{g2}$	739.092	155712
3	基价	元	1.00	2218.000	45247.200	45247	7707.000	157222.800	157223			$J_{e3}=S_{13}\times D_{g3}$	202470.000	202470
	……		D_g			$J_{e1}=S_{13}\times D_g$			$J_{e2}=S_{12}\times D_g$			$J_{e3}=S_{13}\times D_g$		

思考与练习

21-2 表的再编相对简单，但计算量可能较大。试讨论，如果造价人员在编制 21-2 表时，将 HPB300 钢筋的用量写成 30000 t(实际为 3000 t)，待预算表格全部完成后，修改该数据至少牵涉到多少种表格？

学习参考资料

本单元参考资料见单元 5 参考资料。

实训报告

班级：　　　　学号：　　　　姓名：　　　　日期：

训练任务	某新建二级公路，其中一段路基工程量为硬土 20330 m^3，采用 2 m^3 挖掘机挖装，12 t 自卸汽车运输运距 4 km	成绩	
训练目的	掌握 21-2 表的再编		

分项工程预算表

分项编号：湖南省长沙市某公路　　工程名称：远运利用石方

代号	工程项目									合计	
	工程细目										
	定额单位										
	工程数量										
	定额表号										
	工、料、机名称	单位	单价/元	定额	数量	金额/元	定额	数量	金额/元	数量	金额/元

单元 10　措施费费率的确定

知识目标：了解措施费的定义；
掌握措施费费率的查阅方法。
能力目标：能够完成措施费费率的确定。
素质目标：精确确定措施费费率的意识。
具有措施费相关法律意识。

课程导入

措施费包括冬季施工增加费、雨季施工增加费、夜间施工增加费、特殊地区施工增加费、行车干扰施工增加费、工地转移费、施工辅助费(表 10-1)。

表 10-1

序号	名称	备注
1	措施费Ⅰ	冬季施工增加费、雨季施工增加费、夜间施工增加费、特殊地区施工增加费、行车干扰施工增加费、工地转移费
2	措施费Ⅱ	施工辅助费

10.1　工程类别

工程类别划分为以下十类。

(1)土方：指人工及机械施工的土方工程、路基掺灰、路基换填及台背回填。

(2)石方：指人工及机械施工的石方工程。

(3)运输：指用汽车、拖拉机、机动翻斗车、船舶等运送土石方、路面基层和面层混合料、水泥混凝土及预制构件、绿化苗木等。

(4)路面：指路面所有结构层工程、路面附属工程、便道以及特殊路基处理(不含特殊路基处理中的圬工构造物)。

(5)隧道：指隧道土建工程(不含隧道的钢材及钢结构)。

(6)构造物Ⅰ：指砍树挖根、拆除工程、排水、防护、特殊路基处理中的圬工构造物、涵洞、交通安全设施、拌和站(楼)安拆工程、便桥、便涵、临时电力和电信设施、临时轨道、临时码头、绿化工程等工程。

(7)构造物Ⅱ：指小桥、中桥、大桥、特大桥工程。

(8)构造物Ⅲ：指商品水泥混凝土的浇筑、商品沥青混合料和各类商品稳定土混合料的铺筑、外购混凝土构件、设备安装工程等。

(9)技术复杂大桥：指钢管拱桥、斜拉桥、悬索桥、单孔跨径在 120 m 以上(含 120 m)和基础水深在 10 m 以上(含 10 m)的大桥主桥部分的基础、下部和上部工程(不含桥梁的钢材及钢结构)。

(10)钢材及钢结构：指所有工程的钢材及钢结构等工程。

10.2 冬季施工增加费的确定

1. 冬季施工增加费的定义

冬季施工增加费指按照公路工程施工及验收规范所规定的冬季施工要求，为保证工程质量和安全生产所需采取的防寒保温设施、工效降低和机械作业效率降低以及技术操作过程的改变等所增加的有关费用。

冬季施工增加费的内容包括：①因冬季施工所需增加的一切人工、机械与材料的支出。②施工机械所需修建的暖棚(包括拆、移)，增加其他保温设备购置费用。③因施工组织设计确定，需增加的一切保温、加温等有关支出。④清除工作地点的冰雪等与冬季施工有关的其他各项费用。

2. 冬季施工增加费的确定

(1)确定工程所在地所属气温区。

根据《公路工程建设项目概算预算编制办法》附录 D“全国冬季施工气温区划分表”，查阅工程所在地所属气温区。

如北京全境属于气温区为冬二区Ⅰ，杭州所属气温区为准二区。

(2)确定冬季施工增加费费率。

根据工程所属气温区，可查阅相关冬季施工增加费费率表，见表 10-2。

表 10-2 冬季施工增加费费率表 单位：%

工程类别	冬季期平均温度/℃								准一区	准二区
	-1 以上		-1～-4		-4～-7	-7～-10	-10～-14	-14 以下		
	冬一区		冬二区		冬三区	冬四区	冬五区	冬六区		
	Ⅰ	Ⅱ	Ⅰ	Ⅱ						
土方	0.835	1.301	1.800	2.270	4.288	6.094	9.140	13.720	—	—
石方	0.164	0.266	0.368	0.429	0.859	1.248	1.861	2.801	—	—
运输	0.166	0.25	0.354	0.437	0.832	1.165	1.748	2.643	—	—
路面	0.566	0.842	1.181	1.371	2.449	3.273	4.909	7.364	0.073	0.198
隧道	0.203	0.385	0.548	0.710	1.175	1.52	2.269	3.425	—	—
构造物Ⅰ	0.652	0.940	1.265	1.438	2.607	3.527	5.291	7.936	0.115	0.288
构造物Ⅱ	0.868	1.240	1.675	1.902	3.452	4.693	7.028	10.542	0.165	0.393

续表10-2

工程类别	冬季期平均温度/℃								准一区	准二区
	-1 以上		-1~-4		-4~-7	-7~-10	-10~-14	-14 以下		
	冬一区		冬二区		冬三区	冬四区	冬五区	冬六区		
	Ⅰ	Ⅱ	Ⅰ	Ⅱ						
构造物Ⅲ	1.616	2.296	3.114	3.523	6.403	8.680	13.020	19.520	0.292	0.721
技术复杂大桥	1.019	1.444	1.975	2.230	4.057	5.479	8.219	12.338	0.170	0.446
钢材及钢结构	0.04	0.101	0.141	0.181	0.301	0.381	0.581	0.861	—	—

3. 冬季施工增加费的相关规定

为了简化计算手续，采用全年平均摊销的方法，即不论是否在冬季施工，均按规定的取费标准计取冬季施工增加费。

一条路线穿过两个以上的气温区时，可分段计算或按各区的工程量比例求得全线的平均增加率，计算冬季施工增加费。

冬季施工增加费以各类工程的定额人工费和定额施工机械使用费之和为基数。

10.3　雨季施工增加费的确定

1. 雨季施工增加费的定义

雨季施工增加费指雨季期间施工为保证工程质量和安全生产所需采取的防雨、排水、防潮和防护措施、工效降低和机械作业率降低以及技术操作过程的改变等，所需增加的有关费用。

雨季施工增加费的内容包括：①因雨季施工所需增加的工、料、机费用的支出，包括工作效率的降低及易被雨水冲毁的工程所增加的清理坍塌基坑和堵塞排水沟、填补路基边坡冲沟等工作内容。②路基土方工程的开挖和运输，因雨季施工(非土壤中水影响)而引起的黏附工具、降低工效所增加的费用。③因防止雨水必须采取的挖临时排水沟、防止基坑坍塌所需的支撑、挡板等防护措施费用。④材料因受潮、受湿的耗损费用。⑤增加防雨、防潮设备的费用。⑥因河水高涨致使工作困难等其他有关雨季施工所需增加的费用。

2. 雨季施工增加费的确定

(1)确定工程所在地所属气温区。

根据《公路工程建设项目概算预算编制办法》附录 E“全国雨季施工雨量区及雨季期划分表”，查阅工程所在地所属雨量区与雨季期。

如天津全境属于雨量区Ⅰ雨季期 2，上海全境属于雨量区Ⅱ雨季期 4。

(2)确定冬季施工增加费费率。

根据工程所属气温区，可查阅相关雨季施工增加费费率表，见表 10-3。

表 10-3　雨季施工增加费费率表

单位：%

工程类别	1	1.5	2		2.5		3		3.5		4		4.5		5		6		7	8
	Ⅰ	Ⅰ	Ⅱ	Ⅱ	Ⅰ	Ⅱ	Ⅰ	Ⅱ	Ⅰ	Ⅱ	Ⅰ	Ⅱ	Ⅰ	Ⅱ	Ⅰ	Ⅱ	Ⅰ	Ⅱ	Ⅱ	Ⅱ
土方	0.140	0.175	0.245	0.385	0.315	0.455	0.385	0.525	0.455	0.595	0.525	0.700	0.595	0.805	0.665	0.939	0.764	1.114	1.289	1.499
石方	0.105	0.140	0.212	0.349	0.280	0.420	0.349	0.491	0.418	0.563	0.487	0.667	0.555	0.772	0.626	0.876	0.701	1.018	1.194	1.373
运输	0.142	0.178	0.249	0.391	0.320	0.462	0.391	0.568	0.462	0.675	0.533	0.781	0.604	0.888	0.675	0.959	0.781	1.136	1.314	1.527
路面	0.115	0.153	0.230	0.366	0.306	0.480	0.366	0.557	0.425	0.634	0.501	0.710	0.578	0.825	0.654	0.940	0.749	1.093	1.267	1.459
隧道	—	—	—	—	—	—	—	—	—	—	—	—	—	—	—	—	—	—	—	—
构造物Ⅰ	0.098	0.131	0.164	0.262	0.196	0.295	0.229	0.360	0.262	0.426	0.327	0.491	0.393	0.557	0.458	0.622	0.524	0.753	0.884	1.015
构造物Ⅱ	0.106	0.141	0.177	0.282	0.247	0.353	0.282	0.424	0.318	0.494	0.388	0.565	0.459	0.636	0.530	0.742	0.600	0.883	1.059	1.201
构造物Ⅲ	0.200	0.266	0.366	0.565	0.466	0.699	0.565	0.832	0.665	0.998	0.765	1.164	0.898	1.331	1.031	1.497	1.164	1.730	1.996	2.295
技术复杂大桥	0.109	0.181	0.254	0.363	0.290	0.435	0.363	0.508	0.435	0.580	0.508	0.689	0.580	0.798	0.653	0.907	0.725	1.052	1.233	1.414
钢材及钢结构	—	—	—	—	—	—	—	—	—	—	—	—	—	—	—	—	—	—	—	—

3. 雨季施工增加费的相关规定

为了简化计算手续，采用全年平均摊销的方法，即不论是否在雨季施工，均按规定的收费标准计取雨季施工增加费。

一条路线通过不同的雨量区和雨季期时，应分别计算雨季施工增加费或按工程量比例求得平均的增加率，计算全线雨季施工增加费。

雨季施工增加费以各类工程的定额人工费和定额施工机械使用费之和为基数。

10.4　夜间施工增加费的确定

1. 夜间施工增加费的定义

夜间施工增加费指根据设计、施工技术规范和合理的施工组织要求，必须在夜间施工或必须昼夜连续施工而发生的夜班补助费、夜间施工降效、施工照明设备摊销及照明用电等费用。

夜间施工增加费以夜间施工工程项目的定额人工费与定额施工机械使用费之和为基数，按表10-4“夜间施工增加费费率表”的费率计算。

表10-4　夜间施工增加费费率表

工程类别	费率/%	工程类别	费率/%
构造物Ⅱ	0.903	技术复杂大桥	1.702
构造物Ⅲ	0.928	钢材及钢结构	0.874

10.5　特殊地区施工增加费的确定

1. 高原地区施工增加费的定义

高原地区施工增加费指在海拔高度2000 m以上地区施工，由于受气候、气压的影响，致使人工、机械效率降低而增加的费用。

一条路线通过两个以上(含两个)不同的海拔高度分区时，应分别计算高原地区施工增加费或按工程量比例求得平均的增加率，计算全线高原地区施工增加费。

高原地区施工增加费以各类工程的定额人工费与定额施工机械使用费之和为基数，按表10-5的费率计算。

表 10-5　高原地区施工增加费费率表　　单位：%

工程类别	海拔高度/m						
	2001～2500	2501～3000	3001～3500	3501～4000	4001～4500	4501～5000	5000 以上
土方	13.295	19.709	27.455	38.875	53.102	70.162	91.853
石方	13.711	20.358	29.025	41.435	56.875	75.358	100.223
运输	13.288	19.666	26.575	37.205	50.493	66.438	85.040
路面	14.572	21.618	30.689	45.032	59.615	79.500	102.640
隧道	13.364	19.850	28.490	40.767	56.037	74.302	99.259
构造物Ⅰ	12.799	19.051	27.989	40.356	55.723	74.098	95.521
构造物Ⅱ	13.622	20.244	29.082	41.617	57.214	75.874	101.408
构造物Ⅲ	12.786	18.985	27.054	38.616	53.004	70.217	93.371
技术复杂大桥	13.912	20.645	29.257	41.670	57.134	75.640	100.205
钢材及钢结构	13.204	19.622	28.269	40.492	55.699	73.891	98.930

2. 风沙地区施工增加费的确定

风沙地区施工增加费指在沙漠地区施工时，由于受风沙影响，按照施工及验收规范的要求，为保证工程质量和安全生产而增加的有关费用。其内容包括防风、防沙及气候影响的措施费，人工、机械效率降低增加的费用，以及积沙、风蚀的清理修复等费用。

一条路线穿过两个以上不同风沙区时，按路线长度经过不同的风沙区加权计算项目全线风沙地区施工增加费。

风沙地区施工增加费以各类工程的定额人工费和定额施工机械使用费之和为基数，根据工程所在地的风沙区划及类别，按表 10-6 的费率计算。

全国风沙地区公路施工区划分见《公路工程建设项目概算预算编制办法》附录 F。当地气象资料及自然特征与附录 F 中的风沙地区划分有较大出入时，由项目所在地省级交通运输主管部门按当地气象资料和自然特征及上述划分标准确定工程所在地的风沙区划。

表 10-6　风沙地区施工增加费费率表　　单位：%

工程类别	风沙一区			风沙二区			风沙三区		
	沙漠类型								
	固定	半固定	流动	固定	半固定	流动	固定	半固定	流动
土方	4.558	8.056	13.674	5.618	12.614	23.426	8.056	17.331	27.507
石方	0.745	1.490	2.981	1.014	2.236	3.959	1.490	3.726	5.216

续表10-6

工程类别	风沙一区			风沙二区			风沙三区		
	沙漠类型								
	固定	半固定	流动	固定	半固定	流动	固定	半固定	流动
运输	4.304	8.608	13.988	5.38	12.912	19.368	8.608	18.292	27.976
路面	1.364	2.727	4.932	2.205	4.932	7.567	3.365	7.137	11.025
隧道	0.261	0.522	1.043	0.355	0.783	1.386	0.522	1.304	1.826
构造物Ⅰ	3.968	6.944	11.904	4.96	10.912	16.864	6.944	15.872	23.808
构造物Ⅱ	3.254	5.694	9.761	4.067	8.948	13.828	5.694	13.015	19.523
构造物Ⅲ	2.976	5.208	8.928	3.720	8.184	12.648	5.208	11.904	17.226
技术复杂大桥	2.778	4.861	8.333	3.472	7.638	11.805	8.861	11.110	16.077
钢材及钢结构	1.035	2.07	4.14	1.409	3.105	5.498	2.07	5.175	7.245

3. 沿海地区施工增加费的相关规定

沿海地区施工增加费指工程项目在沿海地区施工受海风、海浪和潮汐的影响，致使人工、机械效率降低等所需增加的费用。本项费用，由沿海各省级交通运输主管部门制定具体的适用范围(地区)。沿海地区施工增加费以各类工程的定额人工费和定额施工机械使用费之和为基数，按表10-7的费率计算。

表10-7　沿海地区施工增加费费率表

工程类别	费率/%	工程类别	费率/%
构造物Ⅱ	0.207	技术复杂大桥	0.195
构造物Ⅲ	0.212	钢材及钢结构	0.200

注：1. 表中的构造物Ⅲ指桥梁工程所用的商品水泥混凝土浇筑及混凝土构件、钢构件的安装。
2. 表中的钢材及钢结构系桥梁工程所用的钢材及钢结构。

10.6　行车干扰施工增加费的确定

行车干扰施工增加费指由于边施工边维持通车，受行车干扰的影响，致使人工、机械效率降低而增加的费用。该费用以受行车影响部分的工程项目的定额人工费和定额施工机械使用费之和为基数，按表10-8的费率计算。

表 10-8 行车干扰工程施工增加费费率表 单位：%

工程类别	施工期平均每昼夜双向行车次数(汽车、兽力车合计)							
	51～100	101～500	501～1000	1001～2000	2001～3000	3001～4000	4001～5000	5000以上
土方	1.499	2.343	3.194	4.118	4.775	5.314	5.885	6.468
石方	1.279	1.881	2.618	3.479	4.035	4.492	4.973	5.462
运输	1.451	2.230	3.041	4.001	4.641	5.164	5.719	6.285
路面	1.390	2.098	2.802	3.487	4.046	4.496	4.987	5.475
隧道	—	—	—	—	—	—	—	—
构造物Ⅰ	0.924	1.386	1.858	2.320	2.693	2.988	3.313	3.647
构造物Ⅱ	1.007	1.516	2.014	2.512	2.915	3.244	3.593	3.943
构造物Ⅲ	0.948	1.417	1.896	2.365	2.745	3.044	3.373	3.713
技术复杂大桥	—	—	—	—	—	—	—	—
钢材及钢结构	—	—	—	—	—	—	—	—

注：新建工程、中断交通进行封闭施工或为保证交通正常通行而修建保通便道改的扩建工程，不计行车干扰施工增加费。

10.7 施工辅助费的确定

施工辅助费包括生产工具用具使用费、检验试验费和工程定位复测、工程点交、场地清理等费用。施工辅助费以各类工程的定额直接费为基数，按表 10-9 的费率计算。

生产工具用具使用费指施工所需不属于固定资产的生产工具、检验、试验用具及仪器、仪表等的购置、摊销和维修费，以及支付给生产工人自备工具的补贴费。

检验试验费指施工企业对建筑材料、构件和建筑安装工程进行一般鉴定、检查所发生的费用，包括自设试验室进行试验所耗用的材料和化学药品的费用，以及技术革新和研究试验费，不包括新结构、新材料的试验费和建设单位要求对具有出厂合格证明的材料进行检验、对构件破坏性试验及其他特殊要求检验的费用。

高填方和软基沉降监测、高边坡稳定监测、桥梁施工监测、隧道施工监控量测、超前地质预报等施工监控费含在施工辅助费中，不得另行计算。

表 10-9 施工辅助费费率表

工程类别	费率/%	工程类别	费率/%
土方	0.521	构造物Ⅰ	1.201
石方	0.470	构造物Ⅱ	1.537

续表10-9

工程类别	费率/%	工程类别	费率/%
运输	0.154	构造物Ⅲ	2.729
路面	0.818	技术复杂大桥	1.677
隧道	1.195	钢材及钢结构	0.564

10.8　工地转移费的确定

工地转移费内容包括：①施工单位职工及随职工迁移的家属向新工地转移的车费、家具行李运费、途中住宿费、行程补助费、杂费等。②公物、工具、施工设备器材、施工机械的运杂费，以及外租机械的往返费及施工机械、设备、公物、工具的转移费等。③非固定工人进退场的费用。

工地转移费以各类工程的定额人工费和定额施工机械使用费之和为基数，按表10-10的费率计算。

高速公路、一级公路及独立大桥、独立隧道项目转移距离按省会城市至工地的里程计算；二级及二级以下公路项目转移距离按地级城市所在地至工地的里程计算。

工地转移里程数在表列里程之间时，费率可内插计算。工地转移距离在50 km以内的工程按50 km计算。

表10-10　工地转移费率表　　单位：%

工程类别	工地转移距离/km					
	50	100	300	500	1000	每增加100
土方	0.224	0.301	0.470	0.614	0.815	0.036
石方	0.176	0.212	0.363	0.476	0.628	0.030
运输	0.157	0.203	0.315	0.416	0.543	0.025
路面	0.321	0.435	0.682	0.891	1.191	0.062
隧道	0.257	0.351	0.549	0.717	0.959	0.049
构造物Ⅰ	0.262	0.351	0.552	0.720	0.963	0.051
构造物Ⅱ	0.333	0.449	0.706	0.923	1.236	0.066
构造物Ⅲ	0.622	0.841	1.316	1.720	2.304	0.119
技术复杂大桥	0.389	0.523	0.818	1.067	1.430	0.073
钢材及钢结构	0.351	0.473	0.737	0.961	1.288	0.063

10.9 辅助生产间接费的确定

辅助生产间接费指由施工单位自行开采加工的砂、石等自采材料及施工单位自办的人工、机械装卸和运输的间接费。**辅助生产间接费按定额人工费的3%计。**该项费用并入材料预算单价内构成材料费，不直接出现在概(预)算中。

高原地区施工单位的辅助生产，可按高原地区施工增加费费率，以定额人工费与施工机械费之和为基数计算高原地区施工增加费(其中：人工采集、加工材料、人工装卸、运输材料按土方费率计算；机械采集、加工材料按石方费率计算；机械装、运输材料按运输费率计算)。辅助生产高原地区施工增加费不作为辅助生产间接费的计算基数。

10.10 案例：编制04表

案例：某公路建设项目地处湖南，平均海拔2200 m，施工期平均每昼夜双向行车次数为70，计施工辅助费，工地转移距离40 km，试编制04表措施费费率部分。

解答：04表(措施费部分内容)见表10-11。

表 10-11　综合费计算表(04 表)

建设项目名称：某公路建设项目　　　编制范围：k0+000~k12+366

序号	工程类别	措施费/%											企业管理费/%						规费/%					
		冬季施工增加费	雨季施工增加费	夜间施工增加费	高原地区施工增加费	风沙地区施工增加费	沿海地区施工增加费	行车干扰施工增加费	施工辅助费	工地转移费	综合费率 I	综合费率 II	基本费用	主副食运费补贴	职工探亲路费	职工取暖补贴	财务费用	综合费率	养老保险费	失业保险费	医疗保险费	工伤保险费	住房公积金	综合费率
1	2	3	4	5	6	7	8	9	10	11	12	13	14	15	16	17	18	19	20	21	22	23	24	25
1	土方		1.114					1.499	0.521	0.224	2.837	0.521												
2	石方		1.018					1.279	0.470	0.176	2.473	0.470												
3	运输		1.136					1.451	0.154	0.157	2.744	0.154												
4	路面	0.073	1.093					1.390	0.818	0.321	2.877	0.818												
5	隧道								1.195	0.257	0.257	1.195												
6	构造物Ⅰ	0.115	0.753					0.924	1.201	0.262	2.054	1.201												
7	构造物Ⅱ	0.165	0.883	0.903				1.007	1.537	0.333	3.291	1.537												
8	构造物Ⅲ	0.292	1.730	1.702				0.948	2.729	0.622	5.294	2.729												
9	技术复杂大桥	0.170	1.052	0.928					1.677	0.389	2.539	1.677												
10	钢材及钢结构			0.874					0.564	0.351	1.225	0.564												

说明：12=3+4+5+6+7+8+9+11；13=10；19=14+15+16+17+18；25=20+21+22+23+24

编制：　　　　　　　　　　　　复核：

D07 措施费计算动画

10.11 措施费组成内容及计算方法一览表

措施费组成内容及计算方法总结如下，见表 10-12。

表 10-12 措施费组成内容及计算方法一览表

序号	措施费名称	费用组成内容及计算方法	
一	冬季施工增加费	概念	冬季施工增加费系按照公路工程施工及验收规范所规定的冬季施工要求，为保证工程质量和安全生产所需采取的防寒保温设施、工效降低和机械作业效率降低以及技术操作过程的改变等所增加的有关费用
		组成内容	(1)因冬季施工所需增加的一切人工、机械与材料的支出。 (2)施工机械所需修建的暖棚(包括拆、移)，增加其他保温设备费用。 (3)因施工组织设计确定，需增加的一切保温、加温及照明等有关支出。 (4)与冬季施工有关的其他各项费用，如清除工作地点的冰雪等费用
		计算方法	根据各类工程的特点，规定各气温区的取费标准。为了简化计算手续，采用全年平均摊销的方法，即不论是否在冬季施工，均按规定的取费标准计取冬季施工增加费。一条路线穿过两个以上的气温区时，可分段计算或按各区的工程量比例求得全线的平均增加率，计算冬季施工增加费。 冬季施工增加费以各类工程的定额人工费和定额施工机械使用费之和为基数，按工程所在地的气温区选用表 10-2 的费率计算
		备注	全国各地的冬季区划分见《概预算编制办法》附录五。若当地气温资料与附录五中划定的冬季气温区划分有较大出入时，可按当地气温资料及上述划分标准确定工程所在地的冬季气温区

续表10-12

序号	措施费名称	费用组成内容及计算方法	
二	雨季施工增加费	概念	雨季施工增加费系雨季期间施工为保证工程质量和安全生产所需采取的防雨、排水、防潮和防护措施、工效降低和机械作业率降低以及技术作业过程的改变等，所需增加的有关费用
		组成内容	(1)因雨季施工所需增加的工、料、机费用的支出，包括工作效率的降低及易被雨水冲毁的工程所增加的工作内容等(如基坑坍塌和排水沟等堵塞的清理、路基边坡冲沟的填补等)。 (2)路基土方工程开挖和运输，因雨季施工(非土壤中水影响)而引起的粘附工具，降低工效增加费用。 (3)因防止雨水必须采取的防护措施的费用，如挖临时排水沟、防止基坑坍塌所需的支撑、挡板等。 (4)材料因受潮、受湿的耗损费用。 (5)增加防雨、防潮设备的费用。 (6)其他有关雨季施工所需增加的费用，如因河水高涨致使工作困难而增加的费用等
		计算方法	将全国划分为若干雨量区和雨季期，并根据各类工程的特点规定各雨量区和雨季期的取费标准，采用全年平均摊销的方法，即不论是否在雨季施工，均按规定的取费标准计取雨季施工增加费。 一条路线通过不同的雨量区和雨季期时，应分别计算雨季施工增加费或按工程量比例求得平均的增加率，计算全线雨季施工增加费。 雨季施工增加费以各类工程的定额人工费和定额施工机械使用费之和为基数，按工程所在地的雨量区、雨季期选用表10-3的费率计算
		备注	雨量区和雨季期的划分，是根据气象部门提供的满15年以上的降雨资料确定的。凡月平均降雨天数在10天以上，月平均日降雨量在3.5~5 mm者为Ⅰ区，月平均日降雨量在5 mm以上者为Ⅱ区。 全国各地雨量区及雨季期的划分见《概预算编制办法》附录六。若当地气象资料与附录六所划定的雨量区及雨季期出入较大时，可按当地气象资料及上述划分标准确定工程所在地的雨量区及雨季期
三	夜间施工增加费	概念	系根据设计、施工技术规范和合理的施工组织要求，必须在夜间施工或必须昼夜连续施工而发生的夜班补助费、夜间施工降效、施工照明设备摊销及照明用电等费用
		计算方法	夜间施工增加费按夜间施工工程项目的定额人工费与定额施工机械使用费之和为基数，按表10-4的费率计算

续表10-12

序号	措施费名称			费用组成内容及计算方法
四	特殊地区施工增加费	高原地区施工增加费	概念	高原地区施工增加费系指在海拔高度 2000 m 以上地区施工，由于受气候、气压的影响，致使人工、机械效率降低而增加的费用
四	特殊地区施工增加费	高原地区施工增加费	计算方法	该费用以各类工程定额人工费与定额施工机械使用费之和为基数，按表 10-5 的费率计算
四	特殊地区施工增加费	风沙地区施工增加费	概念	风沙地区施工增加费系指在沙漠地区施工时，由于受风沙影响，按照施工及验收规范的要求，为保证工程质量和安全生产而增加的有关费用。内容包括防风、防沙及气候影响的措施费，材料费，人工、机械效率降低增加的费用，以及积沙、风蚀的清理修复等费用
四	特殊地区施工增加费	风沙地区施工增加费	计算方法	风沙地区施工增加费以各类工程的定额人工费和定额施工机械使用费之和为基数，根据工程所在地的风沙区划及类别，按表 10-6 的费率计算。
四	特殊地区施工增加费	沿海地区工程施工增加费	概念	沿海地区工程施工增加费系指工程项目在沿海地区施工受海风、海浪和潮汐的影响，致使人工、机械效率降低等所需增加的费用。本项费用，由沿海各省级交通运输主管部门制定具体的适用范围(地区)，并抄送交通运输部公路局备案
四	特殊地区施工增加费	沿海地区工程施工增加费	计算方法	沿海地区工程施工增加费以各类工程的定额人工费和定额施工机械使用费之和为基数，按表 10-7 的费率计算
五	行车干扰工程施工增加费		概念	系指由于边施工边维持通车，受行车干扰的影响，致使人工、机具效率降低而增加的费用
五	行车干扰工程施工增加费		计算方法	该费用以受行车影响部分的工程项目的定额人工费和定额施工机械使用费之和为基数，按表 10-8 的费率计算。改扩建工程如需中断既有道路或为保证交通正常通行而修建临时运营便道(可兼作施工临时便道)，则此类工程不计取该项费用
六	施工辅助费		生产工具用具使用费	费系指施工所需不属于固定资产的生产工具、检验、试验用具及仪器、仪表等的购置、摊销和维修费，以及支付给生产工人自备工具的补贴费
六	施工辅助费		检验试验费	施工企业对建筑材料、构件和建筑安装工程进行一般鉴定、检查所发生的费用，包括自设试验室进行试验所耗用的材料和化学药品的费用，以及技术革新和研究试验费。但不包括新结构、新材料的试验费和建设单位要求对具有出厂合格证明的材料进行检验、对构件破坏性试验及其他特殊要求检验的费用
六	施工辅助费		计算方法	施工辅助费以各类工程的定额直接费为基数，按表 10-9 的费率计算

续表10-12

序号	措施费名称	费用组成内容及计算方法	
七	工地转移费	概念	工地转移费系指施工企业迁至新工地的搬迁费用
		组成内容	(1)施工单位职工及随职工迁移的家属向新工地转移的车费、家具行李运费、途中住宿费、行程补助费、杂费等; (2)公物、工具、施工设备器材、施工机械的运杂费，以及外租机具的往返费及施工机械、设备、公物、工具的转移费等; (3)非固定工人进退场的费用
		计算方法	工地转移费以各类工程的定额人工费和定额施工机械使用费之和为基数，按表10-10的费率计算
		备注	转移距离高速、一级公路及独立大桥、隧道按省城(自治区首府)至工地的里程;二级及以下公路按地(市、盟)至工地的里程计算工地转移费;工地转移里程数在表列里程之间时，费率可内插计算。工地转移距离在50 km以内的工程按50 km计取本项费用
八	辅助生产间接费	概念	系指由施工单位自行开采加工的砂、石等自采材料及施工单位自办的人工、机具装卸和运输的间接费
		计算方法	辅助生产间接费按定额人工费的5%计。该项费用并入材料预算单价内构成材料费，不直接出现在概(预)算中
		备注	高原地区施工单位的辅助生产，可按高原地区施工增加费费率，以定额人工费与施工机械费之和为基数计算高原地区施工增加费(其中：人工采集、加工材料、人工装卸、运输材料按土方费率计算;机械采集、加工材料按石方费率计算;机械装、运输材料按运输费率计算)。辅助生产高原地区施工增加费不作为辅助生产间接费的计算基数

思考与练习

(1)某公路项目于4月至10月施工完毕，工期共6个月，试讨论该公路是否应计冬季施工增加费?

(2)某公司通过招投标取得施工合同后，其公司所在地至工地的距离为3000 km，试讨论工地转移费费率是否会导致“技术复杂大桥”工程类别的费率大幅度上升。

学习参考资料

单元学习参考资料链接，见二维码A07。

A07　措施费参考资料

单元 11 企业管理费费率的确定

知识目标： 了解企业管理费的组成；
掌握企业管理费费率的查阅方法。
能力目标： 能够完成企业管理费费率的确定。
素质目标： 具有精确确定企业管理费费率的意识。
具有企业管理费相关法律意识。

课程导入

企业管理费由基本费用、主副食运费补贴、职工探亲路费、职工取暖补贴和财务费用五项组成。

11.1 基本费用的确定

基本费用指建筑安装企业组织施工生产和经营管理所需的费用。

1. 基本费用的组成

①管理人员工资；②办公费；③差旅交通费；④固定资产使用费；⑤工具用具使用费；⑥劳动保险费；⑦职工福利费；⑧劳动保护费；⑨工会经费；⑩职工教育经费；⑪保险费；⑫工程排污费；⑬税金；⑭其他。

2. 基本费率的确定

基本费用以各类工程的定额直接费为基数，按表 11-1 的费率计算。

表 11-1 基本费用费率表

工程类别	费率/%	工程类别	费率/%
土方	2.747	构造物Ⅰ	3.587
石方	2.792	构造物Ⅱ	4.726
运输	1.374	构造物Ⅲ	5.976
路面	2.427	技术复杂大桥	4.143
隧道	3.569	钢材及钢结构	2.242

11.2　主副食运费补贴的确定

主副食运费补贴指施工企业在远离城镇及乡村的野外施工购买生活必需品所需增加的费用。该费用以各类工程的定额直接费为基数，按表 11-2 的费率计算。

表 11-2　主副食运费补贴费费率表　　单位：%

工程类别	综合里程/km										
	3	5	8	10	15	20	25	30	40	50	每增加 10
土方	0.122	0.131	0.164	0.191	0.235	0.284	0.322	0.377	0.444	0.519	0.07
石方	0.108	0.117	0.149	0.175	0.218	0.261	0.293	0.346	0.405	0.473	0.063
运输	0.118	0.13	0.166	0.192	0.233	0.285	0.322	0.379	0.447	0.519	0.073
路面	0.066	0.088	0.119	0.13	0.165	0.194	0.224	0.259	0.308	0.356	0.051
隧道	0.096	0.104	0.13	0.152	0.185	0.229	0.26	0.304	0.359	0.418	0.054
构造物Ⅰ	0.114	0.12	0.145	0.167	0.207	0.254	0.285	0.338	0.394	0.463	0.062
构造物Ⅱ	0.126	0.14	0.168	0.196	0.242	0.292	0.338	0.394	0.467	0.54	0.073
构造物Ⅲ	0.225	0.248	0.303	0.352	0.435	0.528	0.599	0.705	0.831	0.969	0.132
技术复杂大桥	0.101	0.115	0.143	0.165	0.205	0.245	0.28	0.325	0.389	0.452	0.063
钢材及钢结构	0.104	0.113	0.146	0.168	0.207	0.247	0.281	0.331	0.387	0.449	0.062

11.3　职工探亲路费的确定

职工探亲路费指按照有关规定发放给施工企业职工在探亲期间发生的往返交通费和途中住宿费等费用。该费用以各类工程的定额直接费为基数，按表 11-3 的费率计算。

表 11-3　职工探亲路费费率补贴表

工程类别	费率/%	工程类别	费率/%
土方	0.192	构造物Ⅰ	0.274
石方	0.204	构造物Ⅱ	0.348
运输	0.132	构造物Ⅲ	0.551
路面	0.159	技术复杂大桥	0.208
隧道	0.266	钢材及钢结构	0.164

11.4 职工取暖补贴的确定

职工取暖补贴指按规定发放给施工企业职工的冬季取暖费和为职工在施工现场设置的临时取暖设施的费用。

该费用以各类工程的定额直接费为基数，按工程所在地的气温区选用表 11-4 的费率计算。

表 11-4 职工取暖补贴费费率表 单位：%

工程类别	气温区						
	准二区	冬一区	冬二区	冬三区	冬四区	冬五区	冬六区
土方	0.060	0.130	0.221	0.331	0.436	0.554	0.663
石方	0.054	0.118	0.183	0.279	0.373	0.472	0.569
运输	0.065	0.130	0.228	0.336	0.444	0.552	0.671
路面	0.049	0.086	0.155	0.229	0.302	0.376	0.456
隧道	0.045	0.091	0.158	0.249	0.318	0.409	0.488
构造物Ⅰ	0.065	0.130	0.206	0.304	0.390	0.499	0.607
构造物Ⅱ	0.070	0.153	0.234	0.352	0.481	0.598	0.727
构造物Ⅲ	0.126	0.264	0.425	0.643	0.849	1.067	1.297
技术复杂大桥	0.059	0.120	0.203	0.310	0.406	0.501	0.609

11.5 财务费用的确定

财务费用指施工企业为筹集资金提供投标担保、预付款担保、履约担保、职工工资支付担保等所发生的各种费用，包括企业经营期间发生的短期贷款利息净支出、汇兑净损失、调剂外汇手续费、金融机构手续费，以及企业筹集资金发生的其他财务费用。

财务费用以各类工程的定额直接费为基数，按表 11-5 的费率计算。

表 11-5 财务费用费率表

工程类别	费率/%	工程类别	费率/%
土方	0.271	构造物Ⅰ	0.466
石方	0.259	构造物Ⅱ	0.545
运输	0.264	构造物Ⅲ	1.094
路面	0.404	技术复杂大桥	0.637
隧道	0.513	钢材及钢结构	0.653

11.6　案例：编制 04 表

案例： 某公路建设项目地处湖南，试编制 04 表企业管理费费率部分。

解答： 04 表(措施费部分内容)见表 11-6。

表 11-6　综合费计算表(04 表)

建设项目名称：某公路建设项目　　编制范围：k0+000～k12+366

序号	工程类别	措施费/%											企业管理费/%						规费/%					
		冬季施工增加费	雨季施工增加费	夜间施工增加费	高原地区施工增加费	风沙地区施工增加费	沿海地区施工增加费	行车干扰施工增加费	施工辅助费	工地转移费	综合费率		基本费用	主副食运费补贴	职工探亲路费	职工取暖补贴	财务费用	综合费率	养老保险费	失业保险费	医疗保险费	工伤保险费	住房公积金	综合费率
											Ⅰ	Ⅱ												
1	2	3	4	5	6	7	8	9	10	11	12	13	14	15	16	17	18	19	20	21	22	23	24	25
1	土方		1.114					1.499	0.521	0.224	2.837	0.521	2.747	0.148	0.192		0.271	3.358						
2	石方		1.018					1.279	0.470	0.176	2.473	0.470	2.792	0.133	0.204		0.259	3.388						
3	运输		1.136					1.451	0.154	0.157	2.744	0.154	1.374	0.148	0.132		0.264	1.918						
4	路面	0.073	1.093					1.390	0.818	0.321	2.877	0.818	2.427	0.104	0.159		0.404	3.094						
5	隧道								1.195	0.257	0.257	1.195	3.569	0.117	0.266		0.513	4.465						
6	构造物Ⅰ	0.115	0.753					0.924	1.201	0.262	2.054	1.201	3.587	0.133	0.274		0.466	4.460						
7	构造物Ⅱ	0.165	0.883	0.903				1.007	1.537	0.333	3.291	1.537	4.726	0.154	0.348		0.545	5.773						
8	构造物Ⅲ	0.292	1.730	1.702				0.948	2.729	0.622	5.294	2.729	5.976	0.276	0.551		1.094	7.897						
9	技术复杂大桥	0.170	1.052	0.928					1.677	0.389	2.539	1.677	4.143	0.129	0.208		0.637	5.117						
10	钢材及钢结构			0.874					0.564	0.351	1.225	0.564	2.242	0.130	0.164		0.653	3.189						

说明：阴影部分格子表示本次填写的区域，蓝色数值表示本次填写结果。

D08 企业费率计算动画

说明：12＝3+4+5+6+7+8+9+11；13＝10；19＝14+15+16+17+18；25＝20+21+22+23+24

编制：　　　　复核：

11.7　企业管理费组成内容及计算方法一览表

企业管理费组成内容及计算方法总结如下，见表 11-7。

表 11-7　企业管理费组成内容及计算方法一览表

序号	措施费名称	费用组成内容及计算方法	
一	基本费用	概念	系指建筑安装企业组织施工生产和经营管理所需的费用
		组成内容	(1)管理人员工资：系指管理人员的基本工资、绩效工资、津贴补贴及特殊情况下支付的工资、社会保险费用(基本养老、基本医疗、失业、工伤保险、生育保险)、住房公积金等。 (2)办公费：系指企业管理办公用的文具、纸张、帐表、印刷、邮电、书报、办公软件、会议、水电、烧水和集体取暖降温(包括现场临时宿舍取暖降温)用煤(电、气)等费用。 (3)差旅交通费：系指职工因公出差、调动工作的差旅费、住勤补助费，市内交通费和误餐补助费，劳动力招募费，职工退休、退职一次性路费，工伤人员就医路费以及管理部门使用的交通工具的油料、燃料等费用。 (4)固定资产使用费：系指管理部门及附属生产单位使用的属于固定资产的房屋、设备等的折旧、大修、维修或租赁费。 (5)工具用具使用费：系指企业管理使用的不属于固定资产的工具、器具、家具、交通工具和检验、试验、测绘、消防用具等的购置、维修和摊销费。 (6)劳动保险费：系指企业支付的人身意外伤害险、离退休职工的易地安家补助费、职工退职金、六个月以上的病假人员工资、按规定支付给离休干部的各项经费。 (7)职工福利费：系指按国家规定标准计提的职工福利费。 (8)劳动保护费：是企业按国家有关部门规定标准发放的劳动保护用品的购置费及修理费，徒工服装补贴，防暑降温费，在有碍身体健康环境中施工的保健费用等。 (9)工会经费：系指企业按《中华人民共和国工会法》规定的全部职工工资总额比例计提的工会经费。 (10)职工教育经费：系指按职工工资总额的规定比例计提，企业为职工进行专业技术和职业技能培训，专业技术人员继续教育、职工职业技能鉴定、职业资格认定以及根据需要对职工进行各类文化教育所发生的费用。不含职工安全教育、培训费用。 (11)保险费：系指企业财产保险、管理用及生产用车辆等保险费用

续表11-7

序号	措施费名称	费用组成内容及计算方法	
			(12)工程保修费：系指工程竣工交付使用后，在规定保修期以内的修理费用。 (13)工程排污费。系指施工现场按规定缴纳的排污费用。 (14)税金：系指企业按规定缴纳的房产税、车船使用税、土地使用税、印花税等。 (15)其他：系指上述项目以外的其他必要的费用支出，包括技术转让费、技术开发费、招投标费、业务招待费、绿化费、广告费、公证费、定额测定费、法律顾问费、审计费、咨询费以及施工标准化、规范化、精细化产生的管理费用等
		计算方法	基本费用以各类工程的定额直接费为基数，按《概算预算编制办法》表3-13 的费率计算
二	主副食运费补贴	概念	系指施工企业在远离城镇及乡村的野外施工购买生活必需品所需增加的费用
		计算方法	该费用以各类工程的定额直接费为基数，按《概算预算编制办法》表 3-14 的费率计算
		备注	综合里程=粮食运距×0.06+燃料运距×0.09+蔬菜运距×0.15+水运距×0.70； 粮食、燃料、蔬菜、水的运距均为全线平均运距；综合里程数在表列里程之间时，费率可内插；综合里程少于 5 km 的工程不计取本项费用
三	职工探亲路费	概念	系指按照有关规定发放给施工企业职工在探亲期间发生的往返交通费和途中住宿费等费用
		计算方法	该费用以各类工程的定额直接费为基数，按《概算预算编制办法》表 3-15 的费率计算
四	职工取暖补贴	概念	系指按规定发放给施工企业职工的冬季取暖费和为职工在施工现场设置的临时取暖设施的费用
		计算方法	该费用以各类工程的定额直接费为基数，按工程所在地的气温区（见《概算预算编制办法》附录五）选用《概算预算编制办法》表 3-16 的费率计算
五	财务费用	概念	系指施工企业为筹集资金提供投标担保、预付款担保、履约担保、职工工资支付担保等所发生的各种费用
		组成内容	包括企业经营期间发生的短期贷款利息净支出、汇兑净损失、调剂外汇手续费、金融机构手续费，以及企业筹集资金发生的其他财务费用
		计算方法	财务费用以各类工程的定额直接费为基数，按《概算预算编制办法》表3-17 的费率计算

思考与练习

根据主副食运费补贴中的综合里程计算公式，试讨论综合里程是由哪种物资的运输距离决定的，并说明湖南省内一般情况下综合里程不会超过多少 km。

学习参考资料

单元学习参考资料链接，见二维码 A08。

A08　企管费参考资料

单元 12　规费费率、税金、利润与专项费用的确定

知识目标： 了解规费的组成；
掌握规费费率的查阅方法。
能力目标： 能够完成规费费率的确定。
素质目标： 具备精确确定措规费费率、税金、利润与专项费用的意识；
具备工程建设人身相关法律意识。

课程导入

规费指按法律、法规、规章、规程规定施工企业必须缴纳的费用。

12.1　规费

1. 规费组成

规费包括养老保险费、失业保险费、医疗保险费、工伤保险费、住房公积金等五项。
①养老保险费：施工企业按规定标准为职工缴纳的基本养老保险费。
②失业保险费：施工企业按规定标准为职工缴纳的失业保险费。
③医疗保险费：施工企业按规定标准为职工缴纳的医疗保险费（含生育保险费）。
④工伤保险费：施工企业按规定标准为职工缴纳的工伤保险费。
⑤住房公积金：施工企业按规定标准为职工缴纳的住房公积金。

2. 规费计算

①各项规费以各类工程的人工费之和为基数，按国家或工程所在地法律、法规、规章、规程规定的标准计算。

②各地方交通行政主管部门会以政府文件的方式，给出规费费率。

例如，**湘交基建〔2019〕74 号《湖南省交通运输厅关于发布〈公路工程建设项目投资估算编制办法〉〈公路工程建设项目概算预算编制办法〉补充规定的通知》**规定，在新建和改建公路中，失业保险费、医疗保险费、住房公积金、工伤保险费分别为 0.7%、8.7%、2.2%、10%，见表 12-1。

表 12-1　湖南省规费取费标准

名称	组成	备注
规费	养老保险费	国家相关规定
	失业保险费	0.7%
	医疗保险费	8.7%
	工伤保险费	2.2%
	住房公积金	10%
计算	各类规费以各类工程的人工费之和为基数，按国家或工程所在地法律、法规、规章、规程规定的标准计算	

3. 案例：编制 04 表

案例： 某公路建设项目地处湖南，试编制 04 表规费费率部分。

解答： 04 表(规费费率部分内容)见表 12-2。

表 12-2　综合费计算表(04 表)

建设项目名称：某公路建设项目　　编制范围：k0+000 ~ k12+366

序号	工程类别	措施费/%											企业管理费/%						规费/%					
		冬季施工增加费	雨季施工增加费	夜间施工增加费	高原地区施工增加费	风沙地区施工增加费	沿海地区施工增加费	行车干扰施工增加费	施工辅助费	工地转移费	综合费率 Ⅰ	综合费率 Ⅱ	基本费用	主副食运费补贴	职工探亲路费	职工取暖补贴	财务费用	综合费率	养老保险费	失业保险费	医疗保险费	工伤保险费	住房公积金	综合费率
1	2	3	4	5	6	7	8	9	10	11	12	13	14	15	16	17	18	19	20	21	22	23	24	25
1	土方		1.114					1.499	0.521	0.224	2.837	0.521	2.747	0.148	0.192		0.271	3.358	16.000	0.700	8.700	2.200	10.000	16.000
2	石方		1.018					1.279	0.470	0.176	2.473	0.470	2.792	0.133	0.204		0.259	3.388	16.000	0.700	8.700	2.200	10.000	16.000
3	运输		1.136					1.451	0.154	0.157	2.744	0.154	1.374	0.148	0.132		0.264	1.918	16.000	0.700	8.700	2.200	10.000	16.000
4	路面	0.073	1.093					1.390	0.818	0.321	2.877	0.818	2.427	0.104	0.159		0.404	3.094	16.000	0.700	8.700	2.200	10.000	16.000
5	隧道								1.195	0.257	0.257	1.195	3.569	0.117	0.266		0.513	4.465	16.000	0.700	8.700	2.200	10.000	16.000
6	构造物Ⅰ	0.115	0.753					0.924	1.201	0.262	2.054	1.201	3.587	0.133	0.274		0.466	4.460	16.000	0.700	8.700	2.200	10.000	16.000
7	构造物Ⅱ	0.165	0.883	0.903				1.007	1.537	0.333	3.291	1.537	4.726	0.154	0.348		0.545	5.773	16.000	0.700	8.700	2.200	10.000	16.000
8	构造物Ⅲ	0.292	1.730	1.702				0.948	2.729	0.622	5.294	2.729	5.976	0.276	0.551		1.094	7.897	16.000	0.700	8.700	2.200	10.000	16.000
9	技术复杂大桥	0.170	1.052	0.928					1.677	0.389	2.539	1.677	4.143	0.129	0.208		0.637	5.117	16.000	0.700	8.700	2.200	10.000	16.000
10	钢材及钢结构			0.874					0.564	0.351	1.225	0.564	2.242	0.130	0.164		0.653	3.189	16.000	0.700	8.700	2.200	10.000	16.000

D09 规费费率计算动画

说明：12=3+4+5+6+7+8+9+11；13=10；19=14+15+16+17+18；25=20+21+22+23+24

编制：　　　　　　　　　　复核：

12.2　利润

利润是指施工企业完成所承包工程获得的盈利。

利润按定额直接费及措施费、企业管理费之和的 7.42% 计算。

12.3　税金

税金是指国家税法规定的应计入建筑安装工程造价的增值税销项税额。

综合税率按**交通运输部关于调整《公路工程建设项目投资估算编制办法》(JTG 3820—2018)和《公路工程建设项目概算预算编制办法》(JTG 3830—2018)中“税金”有关规定的公告**》(交通运输部 2019 年第 26 号公告)确定为 9% 。今后涉及建筑业增值税税率调整的,均按国家最新规定及时调整,交通运输部不再另行通告。

税金=(直接费+设备购置费+措施费+企业管理费+规费+利润)×增值税税率(%)　(12-1)

12.4　专项费用

专项费用包括施工场地建设费和安全生产费。

1. 施工场地建设费

施工场地建设费计费基数为定额建筑安装工程费减去专项费用,根据不同阶段造价文件,按表 12-3 的费率,以累进办法计算。

表 12-3　施工场地建设费费率表

施工场地计费基数/万元	费率/%	算例/万元	
		施工场地计费基数	施工场地建设费
500 及以下	5.338	500	500×5.338%=26.69
500~1000	4.228	1000	26.69+(1000-500)×4.228%=47.83
1000~5000	2.665	5000	47.83+(5000-1000)×2.665%=154.43
5000~10000	2.222	10000	154.43+(10000-5000)×2.222%=265.53
10000~30000	1.785	30000	265.53+(30000-10000)×1.785%=622.53
30000~50000	1.694	50000	622.53+(50000-30000)×1.694%=961.33
50000~100000	1.579	100000	961.33+(100000-50000)×1.579%=1750.83
100000~150000	1.498	150000	1750.83+(150000-100000)×1.498%=2499.83
150000~200000	1.415	200000	2499.83+(200000-150000)×1.415%=3207.33
200000~300000	1.348	300000	3207.33+(300000-200000)×1.348%=4555.33

续表12-3

施工场地计费基数/万元	费率/%	算例/万元	
		施工场地计费基数	施工场地建设费
300000~400000	1.289	400000	4555.33+(400000−300000)×1.289%=5844.33
400000~600000	1.235	600000	5844.33+(600000−400000)×1.235%=8314.33
600000~800000	1.188	800000	8314.33+(800000−600000)×1.188%=10690.33
800000~1000000	1.149	1000000	10690.33+(1000000−800000)×1.149%=12988.33
1000000 以上	1.118	1200000	12988.33+(1200000−1000000)×1.118%=15224.33

2. 安全生产费

安全生产费用是指施工现场安全施工所需要的各项费用，按建筑安装工程费乘以安全生产费费率计算，费率按不少于1.5%计取。

思考与练习

（1）公路规费包括养老保险费、失业保险费、医疗保险费、工伤保险费、住房公积金，却没有提及人身意外伤害险，为什么？

（2）社会上有“五险一金”的说法，公路规费与之相比，是否有缺失？

学习参考资料

单元学习参考资料链接，见二维码A09。

A09　规费参考资料

单元 13　21-2 表终编

知识目标：了解建筑安装工程费的计算公式；
掌握各项目计算基数。
能力目标：能够完成建筑安装工程费的计算。
素质目标：具备精确确定建筑安装工程费的意识；
具备工程造价相关法律意识。

课程导入

建筑安装工程费即直接体现在工程实体中的费用。

13.1　建筑安装工程费计算

(1)建筑安装工程费的组成。

建筑安装工程费包括直接费、设备购置费、措施费、企业管理费、规费、利润、税金和专项费用。建筑安装工程费除专项费用外，其他均按“价税分离”计价规则计算，即各项费用均以不含增值税可抵扣进项税额的价格(费率)进行计算，具体要素价格适用增值税税率执行财税部门的相关规定。

定额建筑安装工程费包括定额直接费、定额设备购置费的40%、措施费、企业管理费、规费、利润、税金和专项费用，定额直接费包括定额人工费、定额材料费、定额施工机械使用费。

定额人工费、定额材料费、定额施工机械使用费以及定额设备购置费均按《公路工程预算定额》(JTG/T 3832—2018)附录四“定额人工、材料、设备单价表”及现行《公路工程机械台班费用定额》(JTG/T 3833—2018)中规定的人工、材料、设备、机械的相应基价计算。

(2)直接费指施工过程中耗费的构成工程实体和有助于工程形成的各项费用，包括人工费、材料费、施工机械使用费。

(3)设备购置费指为满足公路初期运营、管理需要购置的构成固定资产标准的设备和虽低于固定资产标准但属于设计明确列入设备清单的设备的费用，包括渡口设备，隧道照明、消防、通风的动力设备，公路收费、监控、通信、路网运行监测、供配电及照明设备等。

(4)措施费包括冬季施工增加费、雨季施工增加费、夜间施工增加费、特殊地区施工增加费、行车干扰施工增加费、施工辅助费、工地转移费。

(5)企业管理费由基本费用、主副食运费补贴、职工探亲路费、职工取暖补贴和财务费用五项组成。

（6）利润指施工企业完成所承包工程获得的盈利，按定额直接费及措施费、企业管理费之和的 7.42%计算。

（7）税金指国家税法规定应计入建筑安装工程造价的增值税销项税额（根据中华人民共和国住房和城乡建设部办公厅 建办标函〔2019〕193 号《住房和城乡建设部办公厅关于重新调整建设工程计价依据增值税税率的通知》，工程造价计价依据中增值税税率由 10%调整为 9%）。

税金=（直接费+设备购置费+措施费+企业管理费+规费+利润）×9%

（8）专项费用包括施工场地建设费和安全生产费。

13.2 建筑安装工程费组成

建筑安装工程费组成见表 13-1。

表 13-1 建筑安装工程费组成

序号	费用组成	详细组成	备注
1	直接费	人工费	
		材料费	
		施工机械使用费	
2	设备购置费		
3	措施费	冬季施工增加费	
		雨季施工增加费	
		夜间施工增加费	
		特殊地区施工增加费	高原地区施工增加费
			风沙地区施工增加费
			沿海地区施工增加费
		行车干扰施工增加费	
		施工辅助费	
		工地转移费	
4	企业管理费	基本费用	
		主副食运费补贴	
		职工探亲路费	
		职工取暖补贴	
		财务费用	

续表

序号	费用组成	详细组成	备注
5	规费	养老保险费	
		失业保险费	
		医疗保险费	
		工伤保险费	
		住房公积金	
6	利润		
7	税金		
8	专项费用	施工场地建设费	
		安全生产费	

13.3　公路工程建设项目各项费用计算

公路工程建设项目各项费用计算程序及计算方式见表13-2。

表13-2　公路工程建设各项费用计算程序及计算方式

代号	项目	说明及计算式
(一)	定额直接费	∑人工消耗量×人工基价+∑(材料消耗量×材料基价+机械台班消耗量×机械台班基价)
(二)	定额设备购置费	∑设备购置数量×设备基价
(三)	直接费	∑人工消耗量×人工单价+∑(材料消耗量×材料预算单价+机械台班消耗量×机械台班预算单价)
(四)	设备购置费	∑设备购置数量×预算单价
(五)	措施费	(一)×施工辅助费费率+定额人工费和定额施工机械使用费之和×其余措施费费综合率
(六)	企业管理费	(一)×企业管理费综合费率
(七)	规费	各类工程人工费(含施工机械人工费)×规费综合费率
(八)	利润	[(一)+(五)+(六)]×利润率
(九)	税金	[(三)+(四)+(五)+(六)+(七)+(八)]×9%
(十)	10. 专项费用	包括"施工场地建设费"和"安全生产费"
	10.1 施工场地建设费	[(一)+(五)+(六)+(七)+(八)+(九)]×累进费率
	10.2 安全生产费	建筑安装工程费(不含安全生产费本身)×(≧1.5%)
(十一)	定额建筑安装工程费	(一)+(二×40%)+(五)+(六)+(七)+(八)+(九)+(十)

续表13-2

代号	项目	说明及计算式
(十二)	建筑安装工程费	(三)+(四)+(五)+(六)+(七)+(八)+(九)+(十)
(十三)	土地使用及拆迁补偿费	按规定计算
(十四)	**14. 工程建设其他费**	**包括“建设项目管理费”“研究试验费”等4项**
	14.1 建设项目管理费	包括“建设单位(业主)管理费”“建设项目信息化费”等5项
	1. 建设单位(业主)管理费	(十一)×累进费率
	2. 建设项目信息化费	(十一)×累进费率
	3. 工程监理费	(十一)×累进费率
	4. 设计文件审查费	(十一)×累进费率
	5. 竣(交)工验收试验检测费	按规定计算
	14.2 研究试验费	包括“建设项目前期工作费”“专项评价(估)费”等3项
	1. 建设项目前期工作费	(十一)×累进费率
	2. 专项评价(估)费	按规定计算
	3. 联合试运转费	(十一)×费率
	14.3 生产准备费	包括“工器具购置费”“办公和生活用家具购置费”等3项
	1. 工器具购置费	按规定计算
	2. 办公和生活用家具购置费	按规定计算
	3. 生产人员培训费	按规定计算
	14.4 应急保通设备购置费	包括“工程保通管理费”“工程保险费”等3项
	1. 工程保通管理费	按规定计算
	2. 工程保险费	[(十二)-(四)]×费率
	3. 其他相关费用	
(十五)	**15. 预备费**	**包括“基本预备费”与“价差预备费”2项**
	15.1 基本预备费	[(十二)+(十三)+(十四)]×费率
	15.2 价差预备费	(十二)×费率
(十六)	建设期贷款利息	按实际贷款额度及利率计算
(十七)	公路基本造价	(十二)+(十三)+(十四)+(十五)+(十六)

13.4　案例：计算建筑安装工程费

[案例 13-1]：某公路远运利用石方 20400 m^3，1 m^3 装载机装软石，机动翻斗车运石 200 m，试完成 1 m^3 以内装载机装软石 20400 m^3 天然密实方的建筑安装工程费。(已知条件可参考案例 9-1。)

解：(一)定额直接费=基价=45247 元

(二)定额设备购置费=0 元

(三)直接费=∑人工消耗量×人工单价+∑(材料消耗量×材料预算单价+机械台班消耗量×机械台班预算单价)

=0+0+45247

=45247 元

(四)设备购置费=0 元

(五)措施费=(一)×施工辅助费费率+定额人工费和定额施工机械使用费之和×其余措施费费综合率

=45247×1.194% +45247×0.47%

=213+540

=753 元

(“定额人工费和定额施工机械使用费之和×其余措施费费综合率”计算过程比较烦琐，需要将定额人工费、定额材料费逐个相加，此处略去计算过程。)

(六)企业管理费=(一)×企业管理费综合费率

=45247×3.372%

=1526 元

(七)规费=各类工程人工费(含施工机械人工费)×规费综合费率

=8029×37.600%

=3019 元

(“各类工程人工费”=人工费+各类机械工费用，同样需要逐个相加，计算过程烦琐，略去过程。)

(八)利润=[(一)+(五)+(六)]×利润率

=(45247 +753 +1526)×7.42%

=47520×7.42%

=3526 元

(九)税金=[(三)+(四)+(五)+(六)+(七)+(八)]×9%

=(45247+0+753+1526+3019+3526)×9%

=54071×9%

=4866 元

(十二)建筑安装工程费=(三)+(四)+(五)+(六)+(七)+(八)+(九)+(十)

=45247+0+753+1526+3019+3526+4866

=58927 元

13.5 21-2 表终编

[案例 13-2]：试完成案例 13-1 所对应分项工程的 21-2 表。

解答：21-2 表编制结果见表 13-3。

表 13-3 分项工程预算表

分项编号：湖南省长沙市某公路　　工程名称：远运利用石方

代号	工程项目			装载机装土、石方			机动翻斗车、手扶拖拉机配合人工运土、石方						合计	
	工程细目			1 m^3 以内装载机装软石			机动翻斗车运石 200 m							
	定额单位			1000 m^3 天然密实方			1000 m^3 天然密实方							
	工程数量			20.400			20.400							
	定额表号			1-1-10-4			1-1-8-2 改							
	工、料、机名称	单位	单价/元	定额	数量	金额/元	定额	数量	金额/元	定额	数量	金额/元	数量	金额/元
1	1.0 m^3 以内轮胎式装载机	台班		3.790	77.316								77.316	45237
2	1 t 以内机动翻斗车	台班					36.230	739.092					739.092	155712
3	基价	元		2218.000	45247.200		7707.000	157222.800					202470.000	202470
	直接费	元				45237			155712					
	措施费 Ⅰ	元		45247	1.194%	540	157220	1.293%	2033					
	措施费 Ⅱ	元		45247	0.470%	213	157220	0.154%	242					
	企业管理费	元		45247	3.372%	1526	157220	1.900%	2987					
	规费	元		8029	37.600%	3019	76763	37.60%	28863	D10 建安费计算动画				200949
	利润	元		47520	7.42%	3526	162480	7.42%	12056					2573
	税金	元		54056	9%	4865	201889	9%	18170					455
	金额合计	元				58926			220063					4513

13.6 21-2 表编制流程图

21-2 表的手工编制分为初编、再编和终编三个阶段，其过程如图 13-1 所示。

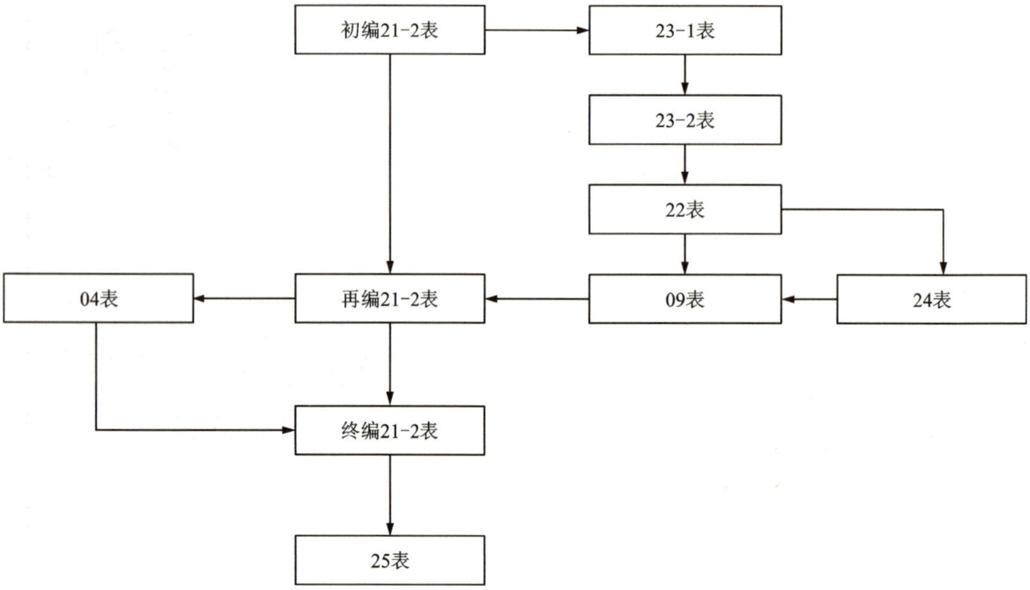

图 13-1 21-2 表编制流程图

思考与练习

造价人员可以在任何时候编制 04 表，甚至可以在 21-2 表初编之前完成 04 表。试讨论为什么我们会将 04 表的编制归于 21-2 表的终编，而不是归入初编或者再编阶段。

学习参考资料

单元学习参考资料链接见，二维码 A10。

A10 建安费参考资料

实训报告

班级：　　　　学号：　　　　姓名：　　　　日期：

训练任务	某新建二级公路，其中一段路基工程量为硬土 20330 m^3，采用 2 m^3 挖掘机挖装，12 t 自卸汽车运输运距 4 km									成绩	
训练目的	掌握 21-2 表的终编										
代号	工程项目									合计	
	工程细目										
	定额单位										
	工程数量										
	定额表号										
	工、料、机名称	单位	单价/元	定额	数量	金额/元	定额	数量	金额/元	数量	金额/元
	直接费	元									
	措施费 I	元		47316	1.338%		129163	1.293%			
	措施费 Ⅱ	元			0.521%			0.154%			
	企业管理费	元			3.341%			1.900%			
	规费	元		12279	37.60%		15941	37.60%			
	利润	元			7.42%			7.42%			
	税金	元			9%			9%			
	金额合计	元									

单元 14　甲、乙组文件及其相关计算

知识目标：了解甲组文件的组成；
了解乙组文件的组成。
能力目标：能够完成乙组文件的编制。
素质目标：具备完整编制造价文件的意识；
具备工程造价相关法律意识。

课程导入

甲组文件为各项费用计算表，乙组文件为建筑安装工程费各项基础数据计算表。甲、乙组文件应按《公路工程基本建设项目设计文件编制办法》中关于设计文件报送份数的要求，随设计文件一并报送，并同时提交可计算的造价电子数据文件和新工艺单价分析的详细资料。

13.1　乙组文件

乙组文件为建筑安装工程费各项基础数据计算表，共有 7 个表，见表 14-1。

表 14-1　乙组文件表格组成

序号	表名
1	分项工程概(预)算计算数据表(21-1 表)
2	分项工程概(预)算表(21-2 表)
3	材料预算单价计算表(22 表)
4	自采材料料场价格计算表(23-1 表)
5	材料自办运输单位运费计算表(23-2 表)
6	施工机械台班单价计算表(24 表)
7	辅助生产人工、材料、施工机械台班单位数量表(25 表)

14.2　甲组文件

甲组文件为各项费用计算表，表格种类较多，见表 14-2。

表 14-2　甲组文件表格组成

序号	表名
1	编制说明
2	前后阶段费用对比表
3	建设项目属性及技术经济信息表(00 表)
4	总概(预)算汇总表(01-1 表)
5	总概(预)算人工、主要材料、施工机械台班数量汇总表(02-1 表)
6	概(预)算表(01 表)
7	人工、主要材料、施工机械台班数量汇总表(02 表)
8	建筑安装工程费计算表(03 表)
9	综合费率计算表(04 表)
10	综合费用计算表(04-1 表)
11	设备费计算表(05 表)
12	专项费用计算表(06 表)
13	土地使用及拆迁补偿费计算表(07 表)
14	工程建设其他费计算表(08 表)
15	人工、材料、施工机械台班单价汇总表(09 表)

14.3　概算、预算费用的组成

概算、预算费用的组成详见表 14-3。

表 14-3　概算、预算费用的组成表

序号	费用组成	详细组成	备注
1	建筑安装工程费		详见表 13-2
2	土地使用及拆迁补偿费		
3	工程建设其他费	建设项目管理费	建设单位(业主)管理费
			建设项目信息化费
			工程监理费
			设计文件审查费
			竣(交)工验收试验检测费
		研究试验费	

续表 14-3

序号	费用组成	详细组成		备注
3	工程建设其他费	建设项目前期工作费		
		专项评价(估)费		
		联合试运转费		
		生产准备费	工器具购置费	
			办公和生活用家具购置费	
			生产人员培训费	
			应急保通设备购置费	
		工程保通管理费		
		工程保险费		
		其他相关费用		
4	预备费	基本预备费		
		价差预备费		
5	建设期贷款利息			

(1)建筑安装工程费详见表 13-2。

(2)土地使用及拆迁补偿费包含永久占地费、临时占地费、拆迁补偿费、水土保持补偿费、其他费用。

(3)工程建设其他费包括建设项目管理费、研究试验费、前期工作费、专项评价(估)费、联合试运转费、生产准备费、工程保通管理费、工程保险费、其他相关费用。

建设项目管理费包括建设单位(业主)管理费、建设项目信息化费、工程监理费、设计文件审查费、竣(交)工验收试验检测费。其中建设单位(业主)管理费、建设项目信息化费和工程监理费均为实施建设项目管理的费用，可根据建设单位(业主)、施工、监理单位实际承担的工作内容和工作量统筹使用。

建设单位(业主)管理费以定额建筑安装工程费为基数，按表 14-4 的费率，以累进方法计算。

表 14-4　建设单管理费费率表

第一部分建筑安装工程费/万元	费率/%	算例/万元	
		建筑安装工程费	建设单位(业主)管理费
500 及以下	4.858	500	500×4.858% = 24.29
500~1000	3.813	1000	24.29+(1000-500)×3.813% = 43.355

续表14-4

第一部分 建筑安装工程费 /万元	费率 /%	算例/万元	
		建筑安装工程费	建设单位(业主)管理费
1000~5000	3.049	5000	43.355+(5000-1000)×3.049%=165.315
5000~10000	2.562	10000	165.315+(10000-5000)×2.562%=293.415
10000~30000	2.125	30000	293.415+(30000-10000)×2.125%=718.415
30000~50000	1.773	50000	718.415+(50000-30000)×1.773%=1073.015
50000~100000	1.312	100000	1073.015+(100000-50000)×1.312%=1729.015
100000~150000	1.057	150000	1729.015+(150000-100000)×1.057%=2257.515
150000~200000	0.826	200000	2257.515+(200000-150000)×0.826%=2670.515
200000~300000	0.595	300000	2670.515+(300000-200000)×0.595%=3265.515
300000~400000	0.498	400000	3265.515+(400000-300000)×0.498%=3763.515
400000~600000	0.450	600000	3763.515+(600000-400000)×0.45%=4663.515
600000~800000	0.400	800000	4663.515+(800000-600000)×0.4%=5463.515
800000~1000000	0.375	1000000	5463.515+(1000000-800000)×0.375%=6213.515
1000000 以上	0.350	1200000	6213.515+(1200000-1000000)×0.35%=6913.515

研究试验费指按项目特点和有关规定，在建设过程中必须进行的研究和试验所需的费用，以及支付科技成果、专利、先进技术的一次性技术转让费。

建设项目前期工作费指委托勘察设计单位、咨询单位对建设项目进行可行性研究、工程勘察设计，以及设计、监理、施工招标文件及招标标底或造价控制值文件编制时，按规定应支付的费用。计算方法：前期工作费以定额建筑安装工程费为基数，按表 14-5 的费率，以累进方法计算。

表 14-5　建设项目前期工作费费率表

第一部分 建筑安装工程费 /万元	费率 /%	算例/万元	
		定额建筑安装工程费	建设项目前期工作费
500 及以下	3.00	500	500×3.00%=15
500~1000	2.70	1000	15+(1000-500)×2.70%=28.5
1000~5000	2.55	5000	28.5+(5000-1000)×2.55%=130.5
5000~10000	2.46	10000	130.5+(10000-5000)×2.46%=253.5
10000~30000	2.39	30000	253.5+(30000-10000)×2.39%=731.5

续表14-5

第一部分 建筑安装工程费 /万元	费率 /%	算例/万元	
		定额建筑安装工程费	建设项目前期工作费
30000～50000	2.34	50000	731.5+(50000−30000)×2.34%=1199.5
50000～100000	2.27	100000	1199.5+(100000−50000)×2.27%=2334.5
100000～150000	2.19	150000	2334.5+(150000−100000)×2.19%=3429.5
150000～200000	2.08	200000	3429.5+(200000−150000)×2.08%=4469.5
200000～300000	1.99	300000	4469.5+(300000−200000)×1.99%=6459.5
300000～400000	1.94	400000	6459.5+(400000−300000)×1.94%=8399.5
400000～600000	1.86	600000	8399.5+(600000−400000)×1.86%=12119.5
600000～800000	1.80	800000	12119.5+(800000−600000)×1.80%=15719.5
800000～1000000	1.76	1000000	15719.5+(1000000−800000)×1.76%=19239.5
1000000以上	1.72	1200000	19239.5+(1200000−1000000)×1.72%=22679.5

专项评价(估)费指依据国家法律、法规规定进行评价(评估)、咨询，按规定应支付的费用。

联合试运转费指建设项目的机电工程，按照有关规定标准，需要进行整套设备带负荷联合试运转所需的全部费用，不包括应由设备安装工程费中开支的调试费用。

生产准备费指为保证新建、改扩建项目交付使用后满足正常的运行、管理发生的工器具购置、办公和生活用家具购置、生产人员培训、应急保通设备购置等费用。

工程保通管理费指新建或改扩建工程需边施工边维持通车或通航的建设项目，为保证公(铁)路运营安全、船舶航行安全及施工安全而进行交通(公路、航道、铁路)管制、交通(铁路)与船舶疏导所需的和媒体、公告等宣传费用及协管人员经费等。工程保通管理费应按设计需要进行列支。

工程保险费指在合同执行期内，施工企业按合同条款要求办理保险的费用，包括建筑工程一切险和第三方责任险。其他相关费用指国务院行政主管部门及省级人民政府规定的其他与公路建设相关的费用，按其相关规定计算。

(4)预备费由基本预备费和价差预备费两部分组成。

基本预备费系指在初步设计和概算、施工图设计和施工图预算中难以预料的工程费用。基本预备费以建筑安装工程费、土地使用及拆迁补偿费、工程建设其他费之和为基数，按下列费率计算：设计概算按5%计列；修正概算按4%计列；施工图预算按3%计列。

价差预备费系指设计文件编制年至工程交工年期间，建筑安装工程费用的人工费、材料费、设备费、施工机械使用费、措施费、企业管理费等由于政策、价格变化可能发生上浮而预留的费用，及外资贷款汇率变动部分的费用。计算方法：价差预备费以建筑安装工程费用总额为基数，按设计文件编制年始至建设项目工程交工年终的年数和年工程造价增涨率计算，见式(14-1)。年工程造价增涨率按有关部门公布的工程投资价格指数计算。设计文件编制至工程交工在 1 年以内的工程，不列此项费用。

$$\text{价差预备费} = P \times [(1+i)^{n-1} - 1] \qquad (14-1)$$

式中：P 为建筑安装工程费总额，元；i 为年工程造价增涨率，%；n 为设计文件编制年至建设项目开工年+建设项目建设期限，年。

(5)建设期贷款利息系指工程项目使用的贷款部分在建设期内应计取的贷款利息，包括各种金融机构贷款、建设债券和外汇贷款等利息。利息计算方法：根据不同的资金来源分年度投资计算所需支付的利息，见式(14-2)。

$$\text{建设期贷款利息} = \sum(\text{上年末付息贷款本息累计} + \text{本年度付息贷款额} \div 2) \times \text{年利率} \qquad (14-2)$$

即

$$S = \sum_{n=1}^{N} (F_{n-1} + b_n \div 2) \times i$$

式中：S 为建设期贷款利息；N 为项目建设期，年；n 为施工年度；F_{n-1} 为建设期第 $(n-1)$ 年末需付息贷款本息累计；b_n 为建设期第 n 年度付息贷款额。

14.4　预算各项费用组成与计算方法一览表

(1)永久性占地费和临时占地费组成内容及计算方法见表 14-6。

表 14-6　永久性占地费和临时占地费组成内容及计算方法

序号	费用名称		费用组成内容及计算方法
一	土地补偿费	组成内容	土地补偿费指征地补偿费、被征用土地上的青苗补偿费，征用城市郊区的菜地等缴纳的菜地开发建设基金，耕地占用税，用地图编制费及勘界费等
一	土地补偿费	计算方法	土地征用及拆迁补偿费应根据审批单位批准的建设工程用地和临时用地面积及其附着物的情况，以及实际发生的费用项目，按国家有关规定及工程所在地的省(自治区、直辖市)人民政府颁发的有关规定和标准计算
二	征用耕地安置补助费		征用耕地安置补助费指征用耕地需要安置农业人口的补助费
三	耕地开垦费		公路建设项目占用耕地的，应由建设项目法人(业主)负责补充耕地所发生的费用；没有条件开垦或者开垦的耕地不符合要求的，按规定缴纳的耕地开垦费
四	森林植被恢复费	组成内容	森林植被恢复费指公路建设项目需要占用、征用林地的，经县级以上林业主管部门审核同意或批准，建设项目法人(业主)单位按照省级人民政府有关规定向县级以上林业主管部门预缴的森林植被恢复费
四	森林植被恢复费	计算方法	森林植被恢复费应根据审批单位批准的建设工程占用林地的类型及面积，按国家有关规定及工程所在地的省(自治区、直辖市)人民政府颁发的有关规定和标准计算

续表14-6

序号	费用名称	费用组成内容及计算方法
五	失地农民养老保险费	按国家规定为保障依法被征地农民养老而交纳的保险费用，按项目所在地省级人民政府的相关规定进行计算
六	临时征地使用费	临时征地使用费指为满足施工所需的承包人驻地、预制场、拌和场、仓库、加工厂（棚）、堆料场、取弃土场、进出场便道、便桥等所有的临时用地及其附着物的补偿费用
七	复耕费	复耕费指临时占用的耕地、鱼塘等，在工程交工后将其恢复到原有标准所发生的费用

（2）建设项目管理费组成内容及计算方法见表14-7。

表14-7　建设项目管理费组成内容及计算方法

序号	费用名称	费用组成内容及计算方法	
一	建设单位（业主）管理费	概念	系建设单位（业主）为建设项目的立项、筹建、建设、竣（交）工验收、总结等工作所发生的费用，不包括应计入材料与设备预算价格的建设单位采购及保管材料与设备所需的费用
		组成内容	不在原单位发工资的工作人员工资、工资性津贴、施工现场津贴；社会保险费用（基本养老、基本医疗、失业、工伤保险）、住房公积金、职工福利费、工会经费、劳动保护费；办公费、会议费、差旅交通费、固定资产使用费（包括办公及生活房屋折旧、维修或租赁费，车辆折旧、维修、使用或租赁费，通信设备购置、使用费，测量、试验设备仪器折旧、维修或租赁费，其他设备折旧、维修或租赁费等）、零星固定资产购置费、招募生产工人费；技术图书资料费、职工教育培训经费；招标管理费；合同契约公证费、法律顾问费、咨询费；建设单位的临时设施费、完工清理费、竣（交）工验收费［含其他行业或部门要求的竣工验收费用、建设单位负责的竣（交）工文件编制费］、各种税费（包括房产税、车船使用税、印花税等）；对建设项目前期工作、项目实施及竣工决算等全过程进行审查所发生的审计费用；境内外融资费用（不含建设期贷款利息）、业务招待费及工程质量、安全生产管理费和其他管理性开支
		计算方法	以定额建筑安装工程费为基数，根据不同阶段造价文件要求按表14-4计取费率，以累进方法计算
		备注	对于双洞长度超过5000 m的独立隧道、水深>15 m、跨径≥400 m的斜拉桥和跨径≥800 m的悬索桥等独立特大型桥梁工程的建设单位（业主）管理费按表3.3.2-1中的费率乘以1.3的系数计算；海上工程［指由于风浪影响，工程施工期（不包括封冻期）全年月平均工作日少于15天的工程］的建设单位（业主）管理费按表3.3.2-1中的费率乘以1.2的系数计算

续表14-7

序号	费用名称	费用组成内容及计算方法	
二	建设项目信息化费	概念及组成内容	建设项目信息化费指建设单位(业主)和各参建单位用于建设项目的质量、安全、进度、费用等方面的信息化建设、运维及各种税费等费用，包括建设项目全寿命周期的建筑信息模型(BIM)等相关费用
		计算方法	以定额建筑安装工程费为基数，根据不同阶段造价文件要求按《公路工程建设项目概算预算编制办法》表3.3.2-2《建设项目信息化费费率表》的费率，以累进办法计算
三	工程监理费	概念	指建设单位委托具有监理资格的单位，按施工监理规范进行全面的监督和管理所发生的费用。
		组成内容	工作人员的工资、工资性津贴、施工现场津贴、社会保险费用(基本养老、基本医疗、失业、工伤保险)、住房公积金、职工福利费、工会经费、劳动保护费；办公费、会议费、差旅交通费，办公、试验固定资产使用费(包括办公及生活房屋折旧、维修或租赁费，车辆折旧、维修、使用或租赁费，通讯设备购置、使用费，测量、试验、检测设备仪器折旧、维修或租赁费，其他设备折旧、维修或租赁费等)、零星固定资产购置费、招募生产工人费；技术图书资料费、职工教育经费、投标费用；合同契约公证费、法律顾问费、咨询费、业务招待费；财务费用、监理单位的临时设施费、完工清理费、竣(交)工验收费、各种税费、安全生产管理费和其他管理性开支
		计算方法	以定额建筑安装工程费为基数，根据不同阶段造价文件要求按《公路工程建设项目概算预算编制办法》表3.3.2-3《工程监理费费率表》的费率，以累进方法计算
四	设计文件审查费	概念	设计文件审查费指在项目审批前，建设单位(业主)为保证勘察设计工作的质量，组织有关专家或委托有资质的单位，对提交的建设项目可行性研究报告和勘察设计文件进行审查所需要的相关费用
		计算方法	以定额建筑安装工程费为基数，根据不同阶段造价文件要求按《公路工程建设项目概算预算编制办法》表3.3.2-4《设计文件审查费费率表》的费率，以累进方法计算
		备注	建设项目若有地质勘察监理，费用在此项目开支。 建设项目若有设计咨询(或称设计监理、设计双院制)，此费用在此项目内开支

续表14-7

序号	费用名称		费用组成内容及计算方法
五	竣(交)工验收试验检测费	概念	竣(交)工验收试验检测费系在公路建设项目竣(交)工验收前，由建设单位(业主)或工程质量监督机构委托有资质的公路工程质量检测单位按照有关规定对建设项目的工程质量进行检测并出具检测试验意见，以及桥梁动(静)载荷载实验等所需的费用
		计算方法	竣(交)工验收试验检测费按《公路工程建设项目概算预算编制办法》表3.3.2-5《竣(交)工验收试验检测费》规定的费率计算。道路工程按主线路基长度计，桥梁工程以主线桥梁、分离式立交、匝道桥的长度之和进行计算，隧道按单洞长度计算
		备注	道路工程高速公路、一级公路按四车道计算，二级及以下等级公路按二车道计算，每增加一个车道，根据不同阶段造价文件要求按《估算编制办法》或《概预算编制办法》表3.3.2-5的费用增加10%。桥梁和隧道按双向四车道考虑的，每增加一个车道时增加15%。二级及以下等级公路的桥隧工程，按《公路工程建设项目概算预算编制办法》表3.3.2-5《竣(交)工验收试验检测费》费用的40%计算

(3)建设项目管理费组成内容及计算方法见表14-8。

表14-8　建设项目管理费组成内容及计算方法

序号	费用名称		费用组成内容及计算方法
一	工器具购置费	概念及组成内容	指建设项目交付使用后为满足初期正常营运必须购置的第一套不构成固定资产的设备、仪器、仪表、工卡模具、器具、工作台(框、架、柜)等的费用。本费用不包括：构成固定资产的设备、工器具和备品、备件；已列入设备购置费中的专用工具和备品、备件
		计算方法	应由设计单位列出计划购置的清单(包括规格、型号、数量)，计算方法同设备购置费
二	办公和生活用家具购置费	概念及组成内容	指新建、改(扩)建工程项目，为保证初期正常生产、使用和管理所购置的办公和生活用家具、用具的费用，包括行政、生产部门的办公室、会议室、资料档案室、阅览室、宿舍及生活福利设施等的家具、用具
		计算方法	办公和生活用家具购置费按《公路工程建设项目概算预算编制办法》表3.3.7的规定计算
三	生产人员培训费	概念及组成内容	指为保证生产的正常运行，在工程交工验收交付使用前对运营部门生产人员和管理人员进行培训所需的费用，包括培训人员的工资、工资性津贴、职工福利费、差旅交通费、劳动保护费、培训及教学实习费等
		计算方法	按设计定员和3000元/人的标准计算

续表14-8

序号	费用名称		费用组成内容及计算方法
四	应急保通设备购置费	概念及组成内容	指新建、改(扩)建工程项目，为满足初期正常营运，实现抢修保通、应急处置，且构成固定资产的设备
		计算方法	由设计单位列出计划购置清单，计算方法同设备购置费

学习参考资料

单元学习参考资料链接，见二维码 A11。

A11 征拆费用参考资料

课后实训

班级：　　　　　　学号：　　　　　　姓名：　　　　　　日期：

训练成绩	
训练任务	计算建设单位(业主)管理费
训练目的	掌握累进制费用的计算方法
训练项目	某高速公路建设项目，定额建筑安装工程费为1234000000元，求其建设单位管理费金额以及建设项目前期工作费金额
训练提示	费用和费率的区别
解题过程	
训练总结	

课程思政

未获省级优秀工程奖项带来的影响

工程概况	1. 2003 年 11 月 13 日，发包人与 HY 工程招标代理有限公司就图书馆等工程联合发布《工程施工招标文件》，要求本工程项目质量等级须其他措施费“达到市优或省优标准”。2003 年 12 月 14 日，发包人向承包人送达《中标通知书》。 2. 按实结算，承包主要内容包括……质量等级市优或省优标准。 3. 2004 年 1 月 16 日，发包人与承包人签订《建设工程施工合同》约定，工程质量标准为省优质工程，并且经工程结算确认后一个月内付款至工程总造价的 95%，余留 2%作为工程保修金，3%作为省优样板工程的保证金。承包方应保证该工程获得“省优质样板工程”，如获得省优质样板工程，发包方给予工程结算总价的 2%的奖励，否则，扣除工程结算总价的 3%作为违约金
双方观点	发包人：根据现行优质工程评选标准选为优质工程的前提是在开工时申报优质结构，在取得优质结构认定后再申请优质工程，但承包人从未申报过优质结构和省优样板工程。 承包人：发包人要求本项目不按图纸设计采用加气混凝土砌块而采用红砖砌体，且发包人的施工设计无节能工程，不做保温砂浆、铝合金窗，不使用中空玻璃等，这些本身就不符合该工程的实质性条件
法院意见	1. 施工合同约定：若工程质量未达到省优工程标准，则扣除工程结算总价的 3%作为违约金。尽管图书馆工程于 2009 年 8 月 4 日视为竣工验收合格，但没有证据证明其达到省优工程质量标准。 2. 根据《HN 建设工程 LDB 奖评选办法》，LDB 奖由经工程地建设工程质量监督机构推荐，由施工企业申报。申报 LDB 奖的工程的先决条件之一是有关结构工程必须已评定为优质结构工程。承包人没有证据证明就图书馆工程已向有关部门申报且被评定为优质结构工程，故无论其他评选条件是否成就，该工程也无成为省优工程的可能，承包人应对该工程未达到省优工程负有过错责任。 3. HN 住建厅发布的《建设工程 LDB 奖评选标准》第 2. 0. 6 条规定凡参评工程未能通过环境检测和建筑节能检测，或使用国家明令禁止的建筑产品和施工术的，均不得评为 LDB 奖；第 4. 1. 7 条第 2 项规定建筑节能工程墙体应采用测保温墙板或保温砌块砌筑。2007 年 10 月 10 日，承包人函告发包人要求采用混凝土砌块，不能使用红砖砌体，但发包人要求采用红砖砌体。 4. 2007 年 12 月 15 日承包人函告发包人要求采用节能设计、内外墙采用保温砂浆等施工，但发包人要按原设计图纸施工。发包人要求施工方使用国家明令禁止的红砖砌体，没有使混凝土砌块、保温砂浆等砌筑保温墙体，故发包人应对图书馆工程没有达到优质工程质量标准也负有责任。 5. 图书馆工程没有达到省优质工程质量标准，双方均负有过错责任。根据《中华人民共和国合同法》第 120 条的规定，当事人双方应当各自承担相应的责任。施工合同约定威优工程保证金为工程结算总价的 3%，二审法院酌情认定发包人和承包人各承担其中 1/2 的责任，即应付承包人的工程款扣减工程结算造价的 1. 5%，即 622405 元。双方有关应由对方承担全部责任的主张，二审法院均不予支持。一审判决有关认定不当，应予以纠正
分歧分析	本案例中，双方的分歧在于：未能获得 LDB 奖的责任在哪一方。 1. LDB 奖评选前提条件：结构工程必须已评定为优质结构工程；有环保节能要求…… 2. 承包人没有证明图书馆工程被评定为优质结构工程，有过错。 3. 承包人证明了发包人在节能环保方面的过错。 4. 由于双方都存在过错，因此双方各负 50%的责任

实务篇

模块四　公路造价实务

<table>
<tr><td>引入思考</td><td colspan="2">掌握概预算的计算方法与编制流程后，实际编制施工图预算仍有一定难度。
编制预算时，造价人员应根据图纸计算相关数据并与工程数量表进行校核，然后进行列项。初学者面对设计图纸往往无从下手，一是初学者不了解应重点关注哪些图纸及表格，二是初学者不确定如何选用项目表和定额，三是初学者不知道如何对定额工程量进行换算。
本模块仿照一级造价工程师考试教材，以案例的方式为初学者提供相关思路，即帮助初学者熟悉工程图纸、工程数量表、概预算项目表、预算定额及其相互之间的关联，使之能够根据图纸校核工程数量表数据，并选择项目表及预算定额。在公路工程预算编制过程中，各项目表及定额选用没有唯一正确答案，由于编者水平有限，本模块只对常见工程项目进行案例分析，如遇争议还请学习者自行决定选择。
例如，根据设计图纸与工程数量表，如何确定土石方工程中的本桩利用及远运利用；如何根据图纸确定预应力钢绞线束长、锚具型号、孔数，以及确定束/t 选择钢绞线相应定额</td></tr>
<tr><td rowspan="4">学习内容</td><td>路基工程实务</td><td>根据《公路工程预算定额》、工程设计图纸和工程数量表，对路基工程进行项目划分、定额选取和工程量计算</td></tr>
<tr><td>路面工程实务</td><td>根据《公路工程预算定额》、工程设计图纸和工程数量表，对路面工程进行项目划分、定额选取和工程量计算</td></tr>
<tr><td>桥梁工程实务</td><td>根据《公路工程预算定额》、工程设计图纸和工程数量表，对桥梁工程进行项目划分、定额选取和工程量计算</td></tr>
<tr><td>隧道工程实务</td><td>根据《公路工程预算定额》、工程设计图纸和工程数量表，对隧道工程进行项目划分、定额选取和工程量计算</td></tr>
<tr><td rowspan="3">学习目标</td><td>知识目标</td><td>熟悉路基、路面、桥梁、隧道工程设计图纸及相关表格；
了解路基、路面、桥梁、隧道工程的项目划分；
了解路基、路面、桥梁、隧道工程所对应的定额；
了解路基、路面、桥梁、隧道工程相关计算规则</td></tr>
<tr><td>能力目标</td><td>能够找出相应工程部位的设计图纸中的工程数量并进行相应计算；
能够对路基、路面、桥梁、隧道工程进行列项；
能够对路基、路面、桥梁、隧道工程进行定额选择；
能够对路基、路面、桥梁、隧道工程进行定额抽换；
能够完成简单路基、路面、桥梁、隧道工程的预算编制</td></tr>
<tr><td>重点难点</td><td>路基工程实务；
桥梁工程实务</td></tr>
<tr><td>学习参考资料</td><td colspan="2">模块四参考资料汇总：
B01 桥梁工程图纸集 1、B02 桥梁工程图纸集 2、
B03 桥梁工程图纸集 3、B04 桥梁工程图纸集 4、
C01 隧道工程数量表 1、C02 隧道工程数量表 2、
C03 隧道工程数量表 3、C04 隧道工程图纸合集
模块四　数字资源链接</td></tr>
</table>

单元 15 路基工程实务

知识目标： 熟悉路基工程施工图设计中工程数量表的相关规定；
熟悉路基工程定额选取的相关规定。

能力目标： 能够通过设计图纸和施工组织设计文件对路基工程进行定额选取；
能够通过设计图纸对路基工程进行工程量计算。

素质目标： 具备对路基工程造价精益求精的控制意识；
具备工程造价相关法律意识。

课程导入

路基工程是公路工程中最常见的部分，其占地面积大，施工难度相对较小，最适合初学者学习。本单元仿照一级造价工程师考试教材，以案例的方式为学习者提供两个思路：如何选取路基工程定额和如何计算公路工程的工程量。

汀兰湖旅游公路为虚拟公路，全长 27. 573 km，公路等级为双向两车道二级公路，路基宽度 12 m，设计速度 60 km/h。主要工程量：大桥 400 m/1 座，隧道 1400/1 座，路基土方 8. 5742 万 m^3；石方 0. 6715 万 m^3；防护、排水圬工 0. 5942 万 m^3；涵洞 10 道。

其中，第 3 合同段(图 15-1)始于机场大道，桩号 K15+050，向西经廖家垄、干杉树、鹭鸶冲，直至项目终点汀兰湖，桩号为 K18+420，全长 3. 396 km。

由于本书篇幅有限，只选择了土石方、排水、防护与加固等分部工程进行列项。

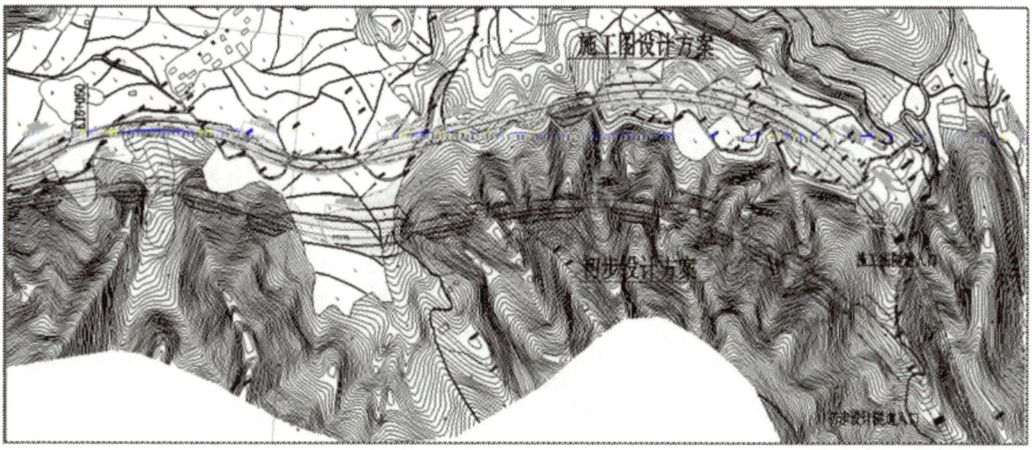

图 15-1 汀兰湖旅游公路第 3 合同段总平面图

15.1 土石方工程案例

请根据汀兰湖旅游公路第3合同段路基每公里土石方数量表和**路基土石方运量统计表**给出的工程量，对其进行列项(包括工程项目划分、工程数量计算和工程定额套用)。

路基每公里土石方数量表见表15-1；**路基土石方运量统计表**见表15-2；土石方工程列项详细情况见表15-3。

表 15-1　路基每公里土石方数量表

序号	起讫桩号	长度/m	挖方(m³)							填方(压实方)								填方(自然方)					
			总数量	土/m³			石/m³			总数量	/m³							本桩利用方/m³					
				松土	普土	硬土	软石	次坚石	坚石		路床填碎石	松土	普通土	硬土	软石	次坚石	坚石	松土	普土	硬土	软石	次坚石	坚石
1	2	3	4	5	6	7	8	9	10	11	12	13	14	15	16	17	18	19	20	21	22	23	24
1	K15+040～K16+000	960	47879		5408	36280	4310	1881		42616	1090		3180	31617	4685	2044			665	2247	535		
2	K16+000～K17+975	1975	15586		10613	4740	232			143350	923		11186	33150	38888	22927	36277		2881	849			
3	K17+975～K18+000	25	1675			1508	168			1059	52			923	84					729	9		
4	K18+000～K18+420	420	1248			1124	125			7330	63			7112	154					732	51		
5	清淤清表回填									7160				7160									
6																							
7																							
8																							
9																							
10																							
11																							
12																							
13	合计	3380	66388		16021	43652	4834	1881		201515	2128		14365	79962	43811	24972	36277		3546	4557	595		

续表 15-1

序号	起讫桩号	填方（自然方）												弃方				计价土石方/m³	备注
		远运利用方/m³						借方/m³						/m³					
		松土	普土	硬土	软石	次坚石	坚石	普土	硬土	软石	次坚石	坚石	路床填碎石	普土	硬土	软石	次坚石		
1	2	22	23	24	25	26	27	28	29	30	31	32	33	34	35	36	37	38	39
1	K15+040～K16+000		3023	32215	3775	1881							1341					47879	
2	K16+000～K17+975		10094	5710	232				11621 （17954）	（35545）	（21093）	（33375）	1135					27567	
3	K17+975～K18+000			277	68								64					1675	
4	K18+000～K18+420			376	91				6644				77		391	73		7893	
5	清淤清表回填								7804									7804	
6																			
7	合计		13117	38578	4166	1881			26069 （17954）	（35545）	（21093）	（33375）	2618		391	73		92818	
8																			
9																			
10																			
11																			
12																			

注：括号内数字为利用隧道弃渣的量，不计挖，只记运及填

编制：　　　　复核：　　　　审核：

表 15-2　路基土石方运量统计表

序号	起讫桩号	推土机施工										铲运机施工				挖土机配自卸汽车施工			
		土/m^3			增运量/(m^3·km)	石(机械清运)/m^3			增运量/(m^3·km)			土/m^3			增运量/(m^3·km)	土/m^3			增运量/(m^3·km)
		松土	普土	硬土		软石	次坚石	坚石	软石	次坚石	坚石	松土	普土	硬土		松土	普土	硬土	
1	2	3	4	5	6	7	8	9	10	11	12	13	14	15	16	17	18	19	20
1	K15+040~K16+000		1875	15133	340	2045	752		41	15									
2	K16+000~K17+975		6919	3133	201	93			2										
3	K17+975~K18+000			840	17	36			1										
4	K18+000~K18+420			883	18	88			2										
5	清淤清表回填																		
6																			
7																			
8																			
9																			
10																			
11																			
12																			
13	合计		8793	19988	576	2261	752		45	15									

续表 15-2

序号	起讫桩号	推土机、装载机配自卸汽车施工													人工施工							备注
		土/m^3			增运量/($m^3\cdot km$)	石(人工清运)/m^3			增运量/($m^3\cdot km$)	石(机械清运)/m^3				增运量/($m^3\cdot km$)	土/m^3		增运量/($m^3\cdot km$)	石/m^3			增运量/($m^3\cdot km$)	
		松土	普土	硬土		软石	次坚石	坚石		软石	次坚石	坚石	松土		普土	硬土		软石	次坚石	坚石		
1	2	21	22	23	24	25	26	27	28	25	26	27	28	29	30	31	32	33	34	35	36	37
1	K15+040~K16+000		1814	19329						2265	1129											
2	K16+000~K17+975		6057	15407						139												
3	K17+975~K18+000			166						41												
4	K18+000~K18+420			6870						54												
5	清淤清表回填			7804	6244																	
6																						
7																						
8																						
9	合计		7870	49577	6244					2499	1129											
10	利用隧道弃渣			17954	21545					35545	21093	33375	108016									
11																						
12																						
13																						
14																						

编制： 复核： 审核：

表 15-3 土石方工程列项表 原始数据表(预)

项	目	节	细目	名称	单位	工程量	备注
1				第一部分 建筑安装工程费	公路公里	3.396	
101				临时工程	公路公里	3.396	
	10101			临时道路	km	1.8	
		1010101		临时便道(修建、拆除与维护)	km	1.8	
			7-1-1-3	汽车便道路基宽 4.5 m(平原微丘区)	1 km	1.8	
	10102			临时便桥、便涵	m/座	98.0 / 2.0	
		1010201		临时便桥	m/座	90.0 / 1.0	
			7-1-2-1	简易汽车钢便桥	10 m	9.0	
			7-1-2-2	汽车便桥墩(桩长 10 m 以内)	1 座	3.0	
		1010202		临时涵洞	m/座	8.0 / 1.0	
			1	涵洞	m	8.0	8.0×800 元
	10104			临时供电设施	总额	1.0	
			7-1-5-1	架设输电线路	100 m	16.0	
	10105			临时电信设施	总额	1.0	
			7-1-5-1	架设输电线路	100 m	3.39	
	10106			拌和、预制场地处理	处	2.0	
			4-11-11-8	生产能力 25 m^3/h 以内混凝土搅拌站(楼)安拆	1 座	2.0	
			2-2-3-7 换	机械摊铺级配砾石面层(拖拉机带铧犁拌和，压实厚度 10 cm)	1000 m^2	4.0	实际厚度：10 cm
102				路基工程	km	1.596	
	LJ01			场地清理	km	1.596	

续表15-3

项	目	节	细目	名称	单位	工程量	备注
		LJ0101		清理与掘除	km	1.596	
			LJ010101	清除表土	m^3	4491.0	
			1-1-1-12	功率 135 kW 以内推土机清除表土	100 m^3	44.91	
			1-1-10-3	斗容量 3 m^3 以内装载机装土方	1000 m^3 天然密实方	4.491	
			1-1-11-23	装载质量 15 t 以内自卸汽车运石第一个 1 km	1000 m^3 天然密实方	4.491	
			LJ010102	伐树、挖根	棵	1220.0	
			1-1-1-4	人工砍挖稀灌木林(直径 10 cm 以下)	1000 m^2	9.13	
			1-1-1-5	人工砍挖密灌木林(直径 10 cm 以下)	1000 m^2	16.95	
			1-1-1-3	人工伐树(直径 10 cm 以上)，斗容 2.0 m^3 以内挖掘机挖树根	10 棵	122.0	
			1-1-1-10	挖竹根	10 m^3	1639.4	
	LJ02			路基挖方	m^3	101172.0	
		LJ0201		挖土方	m^3	94531.0	
			LJ020102	挖路基土方	m^3	94531.0	
			1-1-12-18	功率 165 kW 以内推土机推普通土第一个 20 m	1000 m^3 天然密实方	8.793	
			1-1-12-19	功率 165 kW 以内推土机推硬土第一个 20 m	1000 m^3 天然密实方	19.988	
			1-1-12-20	功率 165 kW 以内推土机推土每增运 10 m	1000 m^3 天然密实方	57.6	
			1-1-12-18 换	功率 165 kW 以内推土机推普通土第一个 20 m	1000 m^3 天然密实方	7.87	定额×0.8
			1-1-12-19 换	功率 165 kW 以内推土机推硬土第一个 20 m	1000 m^3 天然密实方	49.577	定额×0.8
			1-1-10-3	斗容量 3 m^3 以内装载机装土方	1000 m^3 天然密实方	57.447	

续表15-3

项	目	节	细目	名称	单位	工程量	备注
			1-1-11-9	装载质量 15 t 以内自卸汽车运土第一个 1 km	1000 m^3 天然密实方	57.447	
			1-1-11-10	装载质量 15 t 以内自卸汽车运土每增运 0.5 km(平均运距 15 km 以内)	1000 m^3 天然密实方	12.488	
			1-1-12-19换	功率 165 kW 以内推土机推硬土 40 m	1000 m^3 天然密实方	6.079	实际运距：40 m
			1-1-6-3	人工挖运硬土第一个 20 m	1000 m^3 天然密实方	2.224	
			1-1-4-2	人工挖普通土台阶	1000 m^2	8.78	
		LJ0202		挖石方	m^3	6641.0	
			LJ020201	挖路基石方	m^3	6641.0	
			1-1-14-4	机械打眼开炸软石	1000 m^3 天然密实方	4.76	
			1-1-14-5	机械打眼开炸次坚石	1000 m^3 天然密实方	1.881	
			1-1-12-37	功率 165 kW 以内推土机推软石第一个 20 m	1000 m^3 天然密实方	2.261	
			1-1-12-40	功率 165 kW 以内推土机推软石每增运 10 m	1000 m^3 天然密实方	4.5	
			1-1-12-38	功率 165 kW 以内推土机推次坚石第一个 20 m	1000 m^3 天然密实方	0.752	
			1-1-12-41	功率 165 kW 以内推土机推次坚石每增运 10 m	1000 m^3 天然密实方	1.5	
			1-1-12-37	功率 165 kW 以内推土机推软石第一个 20 m	1000 m^3 天然密实方	2.499	
			1-1-12-38	功率 165 kW 以内推土机推次坚石第一个 20 m	1000 m^3 天然密实方	1.129	
			1-1-10-6	斗容量 3 m^3 以内装载机装软石	1000 m^3 天然密实方	2.499	
			1-1-10-9	斗容量 3 m^3 以内装载机装次坚石、坚石	1000 m^3 天然密实方	1.129	
			1-1-11-23	装载质量 15 t 以内自卸汽车运石第一个 1 km	1000 m^3 天然密实方	3.628	
	LJ03			路基填方	m^3	207594.0	

续表15-3

项	目	节	细目	名称	单位	工程量	备注
		LJ0301		利用土方填筑	m^3	100406.0	
			1-1-18-7	二级公路填方路基，自身质量 18~21 t 光轮压路机碾压土方	1000 m^3 压实方	94.327	
			1-1-5-4	填前 12~15 t 光轮压路机压实	1000 m^2	5.679	
			1-1-20-1	机械整修路拱	1000 m^2	19.176	
			1-1-20-4	机械整修二级及以上等级公路边坡	1 km	1.598	
			1-1-22-3	6000 L 以内洒水车洒水第一个 1 km	1000 m^3 水	0.767	
			1-1-18-25	二级公路零填及挖方路基 18~21 t 光轮压路机碾压	1000 m^2	7.95	
			1-1-18-7	二级公路填方路基，自身质量 18~21 t 光轮压路机碾压土方	1000 m^3 压实方	6.079	
		LJ0303		利用石方填筑	m^3	107188.0	
			1-1-18-16	二级公路填方路基，自身质量 15 t 以内振动压路机碾压石方	1000 m^3 压实方	105.06	
			2-1-1-15	路面垫层机械铺碎石(压实厚度 15 cm)	1000 m^2	14.187	

编制：　　　　复核：　　　　审核：

15.2　排水工程案例

请根据汀兰湖旅游公路第3合同段**路基、路面排水工程数量表**给出的工程量，对其进行列项(包括工程项目划分、工程数量计算和工程定额套用)。

路基、路面排水工程数量表见表15-4(边沟)、15-5(排水沟)、15-6(急流槽)；排水工程列项详细情况见表15-7。

表 15-4　路基、路面排水工程数量表(边沟)

序号	工程名称及位置	长度/m	工程项目及数量												备注
			M7.5 砌片石 /m^3	C30 预制块 /m^3	C20 预制块 /m^3	C15 小石子 /m^3	沥青麻絮 /m^2	钢筋		粘土 /m^3	挖土方 /m^3	挖石方 /m^3	满铺草皮 /m^2	回填耕植土 /m^3	
								HPB235 /kg	HRB335 /kg						
1	2	3	4	5	6	7	8	9	10	11	12	13	14	15	16
	路堑边沟														
1	K15+059~K15+245 左	186	133.9												D3 型矩形沟
2	K15+059~K15+288 右	229	164.9												D3 型矩形沟
3	K15+410~K15+550 左	140	100.8												D3 型矩形沟
4	K15+410~K15+550 右	140	100.8												D3 型矩形沟
5	K15+650~K15+690 右	40	28.8												D3 型矩形沟
6	K15+790~K15+830 右	40	28.8												D3 型矩形沟
7	K15+870~K15+970 左	100	72.0												D3 型矩形沟
8	K15+870~K15+970 右	100	72.0												D3 型矩形沟
9	K16+090~K16+150 右	60	43.2												D3 型矩形沟
10	K16+472~K16+575 右	103	74.2												D3 型矩形沟
11	K16+473~K16+585 左	112	80.6												D3 型矩形沟
12	K17+965~K17+985 右	20	14.4												D3 型矩形沟
13	K18+405~K18+420 左	15	10.8												D3 型矩形沟
14	K18+405~K18+420 右	15	10.8												D3 型矩形沟
15	……														
16	合计	1300	936												

编制：　　　　　　　　复核：　　　　　　　　审核：

表 15-5　路基、路面排水工程数量表(截水沟)

序号	工程名称及位置	长度/m	采用图纸编号	工程数量							备注
				C20流水槽/m^3	M10抹面厚2 cm/m^2	挖土方/m^3	挖石方/m^3	M7.5浆砌片石/m^3	回填耕植土/m^3		
1	2	3	4	5	6	7	8	9	10	18	19
	边坡平台排水：平台截水沟		S3-2-37-5								
1	K15+150~K15+195 右	45		4.1		8					第一级
2	K15+890~K15+950 右	60		5.4		11					第一级
3	K15+890~K15+930 右	40		3.6		7					第二级
4	K16+475~K16+537 右	62		5.6		11					第一级
5	K18+405~K18+415 右	10		0.9		2					第一级
6											
7	合计	217		19.53		37.975					
8											
9											
10											
11											

编制：　　　　复核：　　　　审核：

表 15-6　路基、路面排水工程数量表(急流槽)

序号	工程名称及位置	长度/m	采用图纸编号	工程项目及数量							备注
				M7.5砌片石/m^3	M10抹面/m^2	预制C25/m^3	沥青麻絮伸缩缝/m^2	挖土方/m^3	挖石方/m^3	填土/m^3	
1	2	3	4	5	6	7	8	9	10	11	12
	急流槽		S3-2-37-4								
1	K15+300-K15+320 左	8.7		16.8	32.0	0.03	0.6	22			路堤边沟-路堤边沟 H=4.8 m
2	K15+340-K15+360 左	9.4		17.6	33.0	0.03	0.6	23			路堤边沟-路堤边沟 H=5.2 m
3	K15+560-K15+580 左	7.4		16.0	30.2	0.03	0.6	21			路堤边沟-路堤边沟 H=4.1 m
4	K15+660-K15+680 左	16.2		22.6	42.6	0.03	1.3	30			路堤边沟-路堤边沟 H=9 m
5	K15+735-K15+760 左	16.6		22.9	43.1	0.03	1.3	31			路堤边沟-路堤边沟 H=9.2 m
6	K15+780-K15+800 左	8.7		16.8	32.0	0.03	0.6	22			路堤边沟-路堤边沟 H=4.8 m
7	K15+820-K15+840 左	10.3		18.2	34.3	0.03	0.6	24			路堤边沟-路堤边沟 H=5.7 m
8	K15+840-K15+860 左	12.4		19.9	37.3	0.03	1.3	26			路堤边沟-路堤边沟 H=6.9 m
9	K15+960-K15+980 左	18.4		24.4	45.6	0.03	1.9	33			路堑边沟-路堤边沟 H=10.2 m
10	K15+980-K16+000 左	9.0		17.4	32.5	0.03	0.6	23			路堤边沟-路堤边沟 H=5 m
11	K15+960-K15+980 右	8.8		16.9	32.3	0.03	0.6	22			路堑边沟-路堤边沟 H=4.9 m
12	K16+60-K16+80 左	11.9		19.2	36.5	0.03	0.6	26			路堤边沟-路堤边沟 H=6.6 m
13	K16+140-K16+160 左	19.5		25.0	47.1	0.03	1.9	34			路堤边沟-路堤边沟 H=10.8 m
14	K16+160-K16+180 左	24.0		28.2	53.5	0.03	1.9	38			路堤边沟-路堤边沟 H=13.3 m
15	K16+180-K16+200 左	10.1		18.1	34.0	0.03	0.6	24			路堤边沟-路堤边沟 H=5.6 m

续表15-6

序号	工程名称及位置	长度/m	采用图纸编号	工程项目及数量							备注
				M7.5砌片石/m^3	M10抹面/m^2	预制C25/m^3	沥青麻絮伸缩缝/m^2	挖土方/m^3	挖石方/m^3	填土/m^3	
16	K16+220–K16+240 左	7.4		16.0	30.2	0.03	0.6	21			路堤边沟–路堤边沟 H=4.1 m
17	K16+320–K16+340 左	8.3		16.6	31.5	0.03	0.6	22			路堤边沟–路堤边沟 H=4.6 m
18	K16+340–K16+360 左	9.6		17.7	33.3	0.03	0.6	23			路堤边沟–路堤边沟 H=5.3 m
19	K16+360–K16+380 左	11.5		19.0	36.0	0.03	0.6	25			路堤边沟–路堤边沟 H=6.4 m
20	K16+380–K16+400 左	10.6		18.4	34.8	0.03	0.6	24			路堤边沟–路堤边沟 H=5.9 m
21	K16+400–K16+420 左	7.2		15.9	30.0	0.03	0.6	21			路堤边沟–路堤边沟 H=4 m
22	K16+440–K16+461 左	15.1		22.0	41.1	0.03	1.3	29			路堤边沟–路堤边沟 H=8.4 m
23	K16+461–K16+485 左	8.7		16.8	32.0	0.03	0.6	22			路堑边沟–路堤边沟 H=4.8 m
24	K16+180–K16+200 右	7.9		16.4	31.0	0.03	0.6	21			路堤边沟–路堤边沟 H=4.4 m
25	K16+300–K16+320 右	9.9		18.0	33.8	0.03	0.6	24			路堤边沟–路堤边沟 H=5.5 m
26	K16+360–K16+380 右	9.6		17.7	33.3	0.03	0.6	23			路堤边沟–路堤边沟 H=5.3 m
27	K16+461–K16+485 右	15.9		22.4	42.1	0.03	1.3	30			路堑边沟–路堤边沟 H=8.8 m
28											
29	合计	313.0		517.2	975.2	0.9	23.9	684.4			

说明：另有碎落台急流槽工程量为 DN160PVC 管 10.2 m、M7.5 浆砌片石 4.5 m^3

编制： 复核： 审核：

表 15-7　排水工程列项表　原始数据表(预)

项	目	节	细目	名称	单位	工程量	备注
1				第一部分 建筑安装工程费	公路公里	3.396	
101				临时工程	公路公里	3.396	
102				路基工程	km	1.596	
	LJ06			排水工程	km	1.596	
		LJ0601		边沟	m^3/m	936.0 / 1300.0	
			LJ060103	浆砌片块石边沟	m^3/m	936.0 / 1300.0	
			LJ06010301	浆砌片石边沟	m^3/m	936.0 / 1300.0	
			1-3-3-1	浆砌片石边沟、排水沟	10 m^3 实体	93.6	
		LJ0603		截水沟	m^3/m	19.53 / 217.0	
			LJ060301	浆砌混凝土预制块截水沟	m^3/m	19.53 / 217.0	
			1-3-4-1	混凝土预制块边沟、排水沟(矩形)	10 m^3 实体	1.953	
			1-3-4-3	铺砌混凝土预制块边沟、排水沟(矩形)	10 m^3 实体	1.953	
			4-11-6-17	水泥砂浆抹面(厚 2 cm)	100 m^2	0.0	
			1-3-1-1	人工开挖沟槽土方	1000 m^3 天然密实方	0.038	
		LJ0604		急流槽	m^3/m	518.1 / 313.0	
			LJ060402	浆砌片(块)石急流槽	m^3/m	518.1 / 313.0	
			1-3-3-3	浆砌片石急流槽	10 m^3 实体	51.72	
			4-11-6-17	水泥砂浆抹面(厚 2 cm)	100 m^2	9.752	

续表15-7

项	目	节	细目	名称	单位	工程量	备注
			4-7-25-2	预制桥涵缘(帽)石混凝土钢模	10 m^3	0.09	
			4-7-26-1	安装桥涵缘(帽)石	10 m^3 构件	0.09	
			4-11-1-1	沥青麻絮沉降缝	10 m^2	2.39	
			1-1-6-2 换	人工挖运普通土 40 m	1000 m^3 天然密实方	0.684	人工运输，实际运距 40 m
			LJ060403	排水管	m	10.2	
			1-3-2-2 换	PVC 管安装(路基、中央分隔带盲沟)	100 m	0.102	[5001031]换[5001015]
			4-11-5-5	基础水泥砂浆灌片石垫层	10 m^3 实体	0.45	

编制：　　　　复核：　　　　审核：

15.3 防护与加固工程案例

请根据汀兰湖旅游公路第 3 合同段**路基防护工程数量表**给出的工程量，对其进行列项。(包括工程项目划分、工程数量计算和工程定额套用)。

路基防护工程数量表见表 15-8；防护与加固工程列项详细情况见表 15-9。

表 15-8 路基防护工程数量表

序号	工程名称及部位	长度/m	工程项目及数量																备注
			现浇		M7.5砌片石/m^3	土工格栅/m^2	粗颗粒石块堆囊/m^3	M10抹面厚2 cm/m^2	沥青麻絮伸缩缝/m^2	挖基土方/m^3	挖基石方/m^3	现浇C20小石子砼/m^3	墙背回填碎石/m^3	基坑回填石灰土/m^3	Φ100 PVC管/m	Φ50软式透水管/m	排水孔/m		
			现浇C30/m^3	现浇C25/m^3															
1	2	3	5	6	7	8	9	10	11	12	13	14	15	16	17	18			20
	挡土墙、护肩及护脚																		
1	K15+650-K15+670左	20			118.6				3.6	21.3	14.2						44		护脚 $H=4$ m
2	K18+407-18+418左	11			266	79	5	12	8	90	134	2	15	8	22	14			挡墙 $H=8$ m
3																			
4	合计				384	79	5	12	12	111	148	2	15	8	22	14	44		
5																			
6																			
7																			
8																			
9																			
10																			
11																			

编制： 复核： 审核：

表 15-9　防护与加固工程列项表　原始数据表(预)

项	目	节	细目	名称	单位	工程量	备注
1				第一部分 建筑安装工程费	公路公里	3. 396	
101				临时工程	公路公里	3. 396	
102				路基工程	km	1. 596	
	LJ07			路基防护与加固工程	km	1. 596	
		LJ0701		一般边坡防护与加固	km	1. 596	
			LJ070101	浆砌片石骨架护坡	m^3/m	2481. 0/968. 0	
			1-4-11-2 换	浆砌片石护坡(坡高 10 m 以内)(骨架护坡)	10 m^3 实体	214. 3	骨架护坡：人×1. 3
			1-4-2-5	人工撒草籽植草	1000 m^2	10. 754	
			1-1-6-2	人工挖运普通土第一个 20 m	1000 m^3 天然密实方	1. 821	
			1-1-7-1	人工夯实填土	1000 m^3 压实方	1. 463	
			1-4-11-2 换	浆砌片石护坡(坡高 10 m 以内)(骨架护坡)	10 m^3 实体	33. 8	骨架护坡：人×1. 3
			1-4-2-5	人工撒草籽植草	1000 m^2	1. 65	
			1-1-6-2	人工挖运普通土第一个 20 m	1000 m^3 天然密实方	0. 287	
			1-1-7-1	人工夯实填土	1000 m^3 压实方	0. 225	
			LJ070102	浆砌片石挡土墙	m^3/m	386. 0/31. 0	
			1-4-16-7	浆砌片石挡土墙墙身	10 m^3 实体	38. 4	
			1-2-9-3	土工格栅处理软土路基(或路面基层)	1000 m^2 处理面积	0. 079	
			1-4-26-2 换	挡土墙砂砾泄水层	100 m^3	0. 05	[5503007]换[5505005]
			4-11-1-1	沥青麻絮沉降缝	10 m^2	1. 2	

续表15-9

项	目	节	细目	名称	单位	工程量	备注
			4-11-6-17	水泥砂浆抹面(厚 2 cm)	100 m^2	0. 12	
			4-1-1-1	人工挖基坑土方(深 3 m 以内干处)	1000 m^3	0. 111	
			4-1-1-7	人工挖基坑石方	1000 m^3	0. 148	
			4-11-5-6 换	基础混凝土垫层	10 m^3 实体	0. 2	普 C10 换普 C204
			4-11-5-2	基础垫层填碎(砾)石	10 m^3 实体	1. 5	
			4-11-4-2	石灰土(防水层)	10 m^3	0. 8	
			1-3-2-2 换	PVC 管安装(路基、中央分隔带盲沟)	100 m	2. 2	[5001031]换[5001014]
			1-3-2-2 换	PVC 管安装(路基、中央分隔带盲沟)	100 m	1. 4	[5001031]换[5001013]

编制：　　复核：　　审核：

单元 16　路面工程实务

知识目标： 熟悉路面工程施工图设计中工程数量表的相关规定；
熟悉路面工程定额选取相关规定。

能力目标： 能够通过设计图纸和施工组织设计文件对路面工程进行定额选取；
能够通过设计图纸对路面工程进行工程量计算。

素质目标： 具备对路面工程造价精益求精的控制意识；
具备工程造价相关法律意识。

课程导入

路面工程是公路工程中最常见的部分，其占地面积大，施工速度快，路面种类与材料组成较为复杂，对初学者难度较大。本单元仿照造价工程师考试教材，以例题的方式为学习者提供两个思路：如何选取路面工程定额和如何计算路面工程的工程量。

由于本书篇幅有限，只选择了路面基层、沥青混凝土路面、水泥混凝土路面等分项工程进行列项。

16.1　路面工程案例 1

请根据汀兰湖旅游公路第 3 合同段**路面工程数量表 1** 给出的工程量，对其进行列项（包括工程项目划分、工程数量计算和工程定额套用）。

路面工程数量表 1 见表 16-1；

路面基层列项详细情况见表 16-2。

16.2　路面工程案例 2

请根据汀兰湖旅游公路第 3 合同段**路面工程数量表 2** 给出的工程量，对其进行列项（包括工程项目划分、工程数量计算和工程定额套用）。

路面工程数量表 2 见表 16-3；

沥青混凝土路面工程列项详细情况见表 16-4。

表 16-1 路面工程数量表 1

汀兰旅游公路第 3 合同段

序号	起讫桩号	长度/m	路面类型	曲线上加宽面积/m^2	路面厚度/cm	12 cm 厚级配碎石底基层		15 cm 厚 5%水泥稳定碎石基层		培路肩	
						直线上平均宽度/m	数量/m^2	直线上宽度/m	数量/m^2	厚度/cm	数量/m^2
	主线										
1	K0+000~K2+412.950	2412.95	LM-1	1186.34	37	1	3599.29	5.65	14819.5075	37	3619.425

表 16-3 路面工程数量表 2

汀兰旅游公路第 3 合同段

序号	起讫桩号	长度/m	扣除桥长/m	路面类型	曲线上加宽面积/m^2	路面厚度/cm	22 cm 厚 C35 水泥混凝土面层		钢筋			
							直线上宽度/m	数量/m^2	纵向施工缝数量/kg	横向胀缝数量/kg	横向缩缝数量/kg	钢筋数量合计/kg
	主线											
1	K4+000~K14+083.774	10083.774	8	LM-1	8226.52	37	5	58605.39	9471.23	7018.80	8406.25	24896.27

表 16-2　路面基层列项表　原始数据表(预)

建设项目：汀兰湖旅游公路　　编制范围：路面工程 1

项	目	节	细目	名称	单位	工程量	费率号	备注
1				第一部分 建筑安装工程费	公路公里	2.413		
103				路面工程	km	2.413		
	LM02			水泥混凝土路面	m^2			
		LM0202		路面底基层	m^2			
			LM020204	级配碎(砾)石底基层	m^2	3599.29		
			2-2-2-15 换	机械摊铺级配碎石底基层(平地机拌和，压实厚度 12 cm)	1000 m^2	3.599	04	实际厚度：12 cm
		LM0203		路面基层	m^2			
			LM020302	水泥稳定类基层	m^2	14819.5		
			2-1-7-5	厂拌水泥碎石稳定土基层(水泥剂量 5%，压实厚度 20 cm)	1000 m^2	14.82	04	
			2-1-8-3	装载质量 10 t 以内自卸汽车运厂拌基层稳定土混合料第一个 1 km	1000 m^3	2.223	03	
			2-1-9-3	功率 120 kW 以内平地机铺筑基层	1000 m^2	14.82	04	
	LM04			路槽、路肩及中央分隔带				
		LM0402		路肩				
			LM040201	培路肩	m^3	1339.178		
			2-3-2-5	培路肩	100 m^3	13.392	04	

表 16-4　沥青基层列项表　原始数据表(预)

建设项目：汀兰湖旅游公路　　编制范围：路面工程 2

项	目	节	细目	名称	单位	工程量	费率号	备注
1				第一部分 建筑安装工程费	公路公里	10.084		
103				路面工程	km	10.084		
	LM02			水泥混凝土路面	m^2	58605.39		
		LM0205		水泥混凝土面层	m^2	58605.39		
			LM020501	水泥混凝土	m^2	58605.39		
			2-2-17-3 换	摊铺机铺筑混凝土路面厚度 22 cm(轨道式)	1000 m^2	58.605	04	实际厚度：22 cm
			4-11-11-12	生产能力 15 m^3/h 以内混凝土拌和站(楼)拌和	100 m^3	128.932	07	
			4-11-11-24 换	运输能力 6 m^3 以内搅拌运输车运混凝土 5 km	100 m^3	128.932	03	实际运距：5 km
			LM020502	钢筋	t	24.896		
			2-2-17-13	人工及轨道式摊铺机铺筑路面拉杆及传力杆	1 t	24.896	10	

单元 17　桥梁工程实务

知识目标：熟悉桥梁工程设计图纸与工程数量表的相关规定；
熟悉桥梁工程定额套取相关规定。
能力目标：能够通过设计图纸和施工组织设计文件对桥梁工程进行定额套取；
能够通过设计图纸对桥梁工程进行工程量计算。
素质目标：具备对桥梁工程造价精益求精的控制意识；
具备工程造价相关法律意识。

课程导入

桥梁工程是公路工程中不可或缺的部分，其施工时间长，工程难度大，结构组成复杂，对初学者难度极大。本单元将仿照造价工程师考试教材，以例题的方式为学习者提供两个思路：如何套取桥梁工程定额和如何计算桥梁工程的工程量。

汀兰湖大桥中心桩号为 K18+205，全长 400 m，上部构造为 4×30 m+5×30 m+4×30 m 预应力砼连续 T 梁，右交角度为 90°，桥长 400 m；下部构造为 0 号台为肋板式桥台，13 号台为组合台，桥墩为柱式墩配桩基，6、7、8、10 号桥墩采用墩梁固结，采用嵌岩桩及支承桩。

由于本书篇幅有限，只选择了基础工程、下部构造、上部构造和附属工程等分布工程进行列项。同时为了让学习者能够对桥梁工程更加了解，本书还附有桥梁相关图纸，链接见本单元二维码。

17.1　基础工程案例

请根据汀兰湖旅游公路第 3 合同段特大、大、中桥工程数量表（下部构造）给出的工程量，对其进行列项（包括工程项目划分、工程数量计算和工程定额套用）。

特大、大、中桥工程数量表（下部构造）见表 17-1；

特大、大、中桥工程数量表（钻孔进尺）见表 17-2；

桥梁基础工程列项详细情况见表 17-3，基础工程相关图纸见二维码 B01。

B01 桥梁工程图纸集 1

17.2　下部构造案例

请根据汀兰湖旅游公路第 3 合同段特大、大、中桥工程数量表（下部构造）给出的工程量，对其进行列项（包括工程项目划分、工程数量计算和工程定额套用）。

《特大、大、中桥工程数量表（下部构造）》见表 17-4；

下部构造列项详细情况见表 17-5，下部构造相关图纸见二维码 B02。

B02 桥梁工程图纸集 2

17.3　上部构造案例

请根据汀兰湖旅游公路第 3 合同段特大、大、中桥工程数量表（上部构造）给出的工程量，对其进行列项。（包括工程项目划分、工程数量计算和工程定额套用）

《特大、大、中桥工程数量表（上部构造）》见表 17-6；

上部构造列项详细情况见表 17-7，上部构造相关图纸见二维码 B03。

B03 桥梁工程图纸集 3

17.4　附属工程案例

请根据汀兰湖旅游公路第 3 合同段《特大、大、中桥工程数量表（附属工程）》给出的工程量，对其进行列项。（包括工程项目划分、工程数量计算和工程定额套用）

《特大、大、中桥工程数量表（附属工程）》见表 17-8；

附属工程列项详细情况见表 17-9，附属工程相关图纸见二维码 B04。

学习参考资料

单元学习参考资料链接，见二维码 B04。

B04 桥梁工程图纸集 4

表 17-1　特大、大、中桥工程数量表(基础工程)

汀兰湖旅游公路第 3 合同段

序号	中心桩号	工程项目及数量																							
		下部构造		基础工程														附属工程							
		盖梁		承台				系梁			扩大基础			桩基础				伸缩缝				搭板			
		钢筋		砼		钢筋		砼	钢筋		砼	钢筋		砼	钢筋									钢筋	
		HPB 235 (t)	HRB 335 (t)	C30 (m^3)	HPB 235 (t)	HRB 335 (t)	C30 (m^3)	HPB 235 (t)	HRB 335 (t)	C25 (m^3)	C30 (m^3)	HPB 235 (t)	HRB 335 (t)	C30 (m^3)	HPB 235 (t)	HRB 335 (t)	钢管 (t)	HRB 335 (t)	D80 伸缩缝 (m)	D120 伸缩缝 (m)	D160 伸缩缝 (m)	C30 (m^3)	5% 水稳碎石 (m^3)	HPB235 (t)	HRB335 (t)
1	2	3	4	5	6	7	8	9	10	11	12	13	14	15	16	17	18	19	20	21	22	23	24	25	26
1	K18+205	14.082	62.318	54.4	0.141	3.337	318.5	5.59	16.05		68.8			2027.1	17.993	131.588	7.363	1.436				70.4	225.6		8.588
	合计	14.082	62.318	54.400	0.141	3.337	318.500	5.590	16.050		68.8			2027.1	17.993	131.588	7.363	1.436				70.4	225.6		8.588

表 17-2　特大、大、中桥工程数量表(钻孔进尺)

汀兰湖旅游公路第 3 合同段

序号	中心桩号	工程项目及数量																								
		钢护筒	钻孔进尺 100<φ≤120 旱地				钻孔进尺 100<φ≤120 水下					钻孔进尺 120<φ≤150 旱地					钻孔进尺 120<φ≤150 水下					钻孔进尺 150<φ≤200 旱地				
		水中、旱地/t	砂砾/m	软石/m	次坚石/m	坚石/m	土层/m	砂砾/m	软石/m	次坚石/m	坚石/m	土层/m	砂砾/m	软石/m	次坚石/m	坚石/m	土层/m	砂砾/m	软石/m	次坚石/m	坚石/m	土层/m	砂砾/m	软石/m	次坚石/m	坚石/m
1	2	27	28	29	30	31	32	33	34	35	36	37	38	39	40	41	42	43	44	45	46	47	48	49	50	51
1	K18+205	16.989		49.04	18.96							56.4		85.4	58.6							33.78		59.1	37.12	
	合计	16.989		49.04	18.96							56.4		85.4	58.6							33.78		59.1	37.12	

序号	中心桩号	工程项目及数量																								
		钻孔进尺 150<φ≤200 水下					钻孔进尺 200<φ≤250 旱地					钻孔进尺 200<φ≤250 水下					钻孔进尺 250<φ≤300 旱地					钻孔进尺 250<φ≤300 水下				
		土层/m	砂砾/m	软石/m	次坚石/m	坚石/m	土层/m	砂砾/m	软石/m	次坚石/m	坚石/m	土层/m	砂砾/m	软石/m	次坚石/m	坚石/m	土层/m	砂砾/m	软石/m	次坚石/m	坚石/m	土层/m	砂砾/m	软石/m	次坚石/m	坚石/m
1	2	52	53	54	55	56	57	58	59	60	61	62	63	64	65	66	67	68	69	70	71	72	73	74	75	76
1	K18+205						82.46		18.4	159.08																
	合计						82.46		18.4	159.08																

表 17-3　桥梁基础工程列项表　原始数据表(预)

汀兰湖旅游公路第 3 合同段

项	目	节	细目	名称	单位	工程量	备注
1				第一部分 建筑安装工程费	公路公里	3.396	
104				桥梁涵洞工程	km	0.4	
	10404			大桥工程	m/座	400.0 / 1.0	
		1040401		K18+205 汀兰湖河大桥(预应力 T 梁)	m^2/m	4800.0 / 400.0	
			QL01	基础工程	m^3	2468.8	
			QL0101	扩大基础	m^3	68.8	
			QL010102	实体式	m^3	68.8	
			4-6-1-3 换	实体式墩台混凝土基础(梁板式上部构造)	10 m^3 实体	6.88	片 C15 换 普 C30
			4-11-11-13	生产能力 25 m^3/h 以内混凝土拌和站(楼)拌和	100 m^3	0.702	
			4-11-11-22	运输能力 3 m^3 以内搅拌运输车运混凝土第一个 1 km	100 m^3	0.702	
			QL0102	桩基础	m^3/m	2027.1 / 658.38	
			QL010201	灌注桩基础	m^3	2027.1	
			4-4-8-11 换	灌注桩混凝土回旋、潜水钻成孔(φ150 cm 以内，起重机配吊斗)	10 m^3 实体	202.71	水 C25 换 普 C30
			4-4-8-26 换	灌注桩集中加工主钢筋(焊接连接)	1 t	17.993	[2001001]量 1.025 [2001002] 量 0.0
			4-4-8-26 换	灌注桩集中加工主钢筋(焊接连接)	1 t	131.588	[2001001]量 0.0 [2001002] 量 1.025
			4-4-8-28	灌注桩检测管	1 t	7.363	

续表17-3

项	目	节	细目	名称	单位	工程量	备注
			4-4-4-22	回旋钻机陆地上钻孔（桩径 120 cm 以内，孔深 40 m 以内，软石）	10 m	4.904	
			4-4-4-23	回旋钻机陆地上钻孔（桩径 120 cm 以内，孔深 40 m 以内，次坚石）	10 m	1.896	
			4-4-4-42	回旋钻机陆地上钻孔（桩径 150 cm 以内，孔深 40 m 以内，黏土）	10 m	5.64	
			4-4-4-46	回旋钻机陆地上钻孔（桩径 150 cm 以内，孔深 40 m 以内，软石）	10 m	8.54	
			4-4-4-47	回旋钻机陆地上钻孔（桩径 150 cm 以内，孔深 40 m 以内，次坚石）	10 m	5.86	
			4-4-4-66	回旋钻机陆地上钻孔（桩径 200 cm 以内，孔深 40 m 以内，黏土）	10 m	3.378	
			4-4-4-70	回旋钻机陆地上钻孔（桩径 200 cm 以内，孔深 40 m 以内，软石）	10 m	5.91	
			4-4-4-71	回旋钻机陆地上钻孔（桩径 200 cm 以内，孔深 40 m 以内，次坚石）	10 m	3.712	
			4-4-4-98 换	回旋钻机陆地上钻孔（桩径 220 cm 以内，孔深 40 m 以内，黏土）	10 m	7.122	实际桩径：220 cm
			4-4-4-102 换	回旋钻机陆地上钻孔（桩径 220 cm 以内，孔深 40 m 以内，软石）	10 m	1.44	实际桩径：220 cm
			4-4-4-103 换	回旋钻机陆地上钻孔（桩径 220 cm 以内，孔深 40 m 以内，次坚石）	10 m	8.636	实际桩径：220 cm

续表17-3

项	目	节	细目	名称	单位	工程量	备注
			4-4-4-98	回旋钻机陆地上钻孔(桩径 250 cm 以内，孔深 40 m 以内，黏土)	10 m	1.124	
			4-4-4-102	回旋钻机陆地上钻孔(桩径 250 cm 以内，孔深 40 m 以内，软石)	10 m	0.4	
			4-4-4-103	回旋钻机陆地上钻孔(桩径 250 cm 以内，孔深 40 m 以内，次坚石)	10 m	7.272	
			4-4-9-7	干处埋设钢护筒	1 t	16.989	
			4-1-3-4	斗容量 2.0 m^3 以内挖掘机挖基坑≤1500 m^3 土方	1000 m^3	2.542	
			4-11-11-13	生产能力 25 m^3/h 以内混凝土拌和站(楼)拌和	100 m^3	24.345	
			4-11-11-22	运输能力 3 m^3 以内搅拌运输车运混凝土第一个 1 km	100 m^3	24.345	
			QL0105	承台	m^3	54.4	
			4-6-1-7 换	承台混凝土(起重机配吊斗无底模)	10 m^3 实体	5.44	普 C25 换普 C30
			4-6-1-13 换	现场加工承台钢筋	1 t	0.141	[2001002]换[2001001]
			4-6-1-13	现场加工承台钢筋	1 t	3.337	
			4-11-11-13	生产能力 25 m^3/h 以内混凝土拌和站(楼)拌和	100 m^3	0.555	
			4-11-11-22	运输能力 3 m^3 以内搅拌运输车运混凝土第一个 1 km	100 m^3	0.555	
			QL0106	系梁	m^3	318.5	
			4-6-4-4	系梁混凝土非泵送地面以上	10 m^3 实体	31.85	
			4-6-4-10 换	现场加工系梁钢筋	1 t	5.59	[2001001]量 1.025 [2001002] 量 0.0

续表17-3

项	目	节	细目	名称	单位	工程量	备注
			4-6-4-10 换	现场加工系梁钢筋	1 t	16.05	[2001001]量 0.0 [2001002] 量 1.025
			4-11-11-13	生产能力 25 m^3/h 以内混凝土拌和站(楼)拌和	100 m^3	3.249	
			4-11-11-22	运输能力 3 m^3 以内搅拌运输车运混凝土第一个 1 km	100 m^3	3.249	

表 17-4　特大、大、中桥工程数量表(下部构造)

汀兰湖旅游公路第 3 合同段

序号	中心桩号	工程项目及数量																
		下部构造																
		重力式墩台身	柱式、肋板台台帽			肋板台台身				柱式墩台身			耳、背墙			盖梁		
			砼	钢筋		砼	钢筋			砼	钢筋		砼	钢筋		砼	钢筋	
		C30 片石砼或 C30 /m^3	C30 /m^3	HPB300 /t	HRB400 /t	C30 /m^3	HPB300 /t	HRB400 /t	角钢 /t	C30 /m^3	HPB300 /t	HRB400 /t	C30 /m^3	HPB300 /t	HRB400 /t	C30 /m^3	HPB300 /t	HRB400 /t
1	2	3	4	5	6	7	8	9	10	11	12	13	14	15	16	17	18	19
1	K18+205	354. 4/3. 1	70. 62	1. 917	7. 494	62. 7		5. 055		1475	17. 777	152. 683	49. 6		5. 941	470. 1		
	合计	354. 4/3. 1	70. 62	1. 917	7. 494	62. 7		5. 055		1475	17. 777	152. 683	49. 6		5. 941	470. 1		

表 17-5　下部构造列项表　原始数据表(预)

汀兰湖旅游公路第 3 合同段

项	目	节	细目	名称	单位	工程量	备注
1				第一部分 建筑安装工程费	公路公里	3.396	
104				桥梁涵洞工程	km	0.4	
	10404			大桥工程	m/座	400.0 / 1.0	
		1040401		K18+205 汀兰湖河大桥(预应力 T 梁)	m^2/m	4800.0 / 400.0	
			4-6-1-7 换	承台混凝土(起重机配吊斗无底模)	10 m^3 实体	5.44	普 C25 换普 C30
			4-6-1-13 换	现场加工承台钢筋	1 t	0.141	[2001002]换[2001001]
			4-6-1-13	现场加工承台钢筋	1 t	16.05	
			4-11-11-13	生产能力 25 m^3/h 以内混凝土拌和站(楼)拌和	100 m^3	0.555	
			4-11-11-22	运输能力 3 m^3 以内搅拌运输车运混凝土第一个 1 km	100 m^3	0.555	
			QL0106	系梁	m^3	318.5	
			4-6-4-4	系梁混凝土非泵送地面以上	10 m^3 实体	31.85	
			4-6-4-10 换	现场加工系梁钢筋	1 t	5.59	[2001001]量 1.025 [2001002] 量 0.0
			4-6-4-10 换	现场加工系梁钢筋	1 t	16.05	[2001001]量 0.0 [2001002] 量 1.025
			4-11-11-13	生产能力 25 m^3/h 以内混凝土拌和站(楼)拌和	100 m^3	3.249	
			4-11-11-22	运输能力 3 m^3 以内搅拌运输车运混凝土第一个 1 km	100 m^3	3.249	
			QL02	下部构造	m^3	2485.5	
			QL0201	桥台	m^3	469.8	

续表17-5

项	目	节	细目	名称	单位	工程量	备注
			QL020101	C20 片石台身	m^3	354.4	
			4-6-2-4 换	梁板桥实体式墩台混凝土(高 10 m 以内)	10 m^3 实体	35.44	片 C15 换 片 C20
			4-11-11-13	生产能力 25 m^3/h 以内混凝土拌和站(楼)拌和	100 m^3	3.073	
			4-11-11-22	运输能力 3 m^3 以内搅拌运输车运混凝土第一个 1 km	100 m^3	3.073	
			QL020102	C30 混凝土台身	m^3	3.1	
			4-6-2-4 换	梁板桥实体式墩台混凝土(高 10 m 以内)	10 m^3 实体	0.31	片 C15 换 普 C30
			4-11-11-13	生产能力 25 m^3/h 以内混凝土拌和站(楼)拌和	100 m^3	0.032	
			4-11-11-22	运输能力 3 m^3 以内搅拌运输车运混凝土第一个 1 km	100 m^3	0.032	
			QL020103	C30 肋形台身	m^3	62.7	
			4-6-2-35 换	混凝土肋形埋置式桥台高度 8 m 以内	10 m^3 实体	6.27	普 C25-32.5-4 换 普 C30-32.5-4
			4-6-2-38 换	现场加工肋形埋置式桥台钢筋	1 t	5.055	[2001001]量 0.0 [2001002] 量 1.025
			4-11-11-13	生产能力 25 m^3/h 以内混凝土拌和站(楼)拌和	100 m^3	0.64	
			4-11-11-22	运输能力 3 m^3 以内搅拌运输车运混凝土第一个 1 km	100 m^3	0.64	
			QL020104	C30 耳背墙	m^3	49.6	
			4-6-4-7 换	耳背墙混凝土	10 m^3 实体	4.96	普 C25 换 普 C30
			4-6-4-11 换	现场加工耳背墙钢筋	1 t	5.941	[2001001]量 0.0 [2001002] 量 1.025
			4-11-11-13	生产能力 25 m^3/h 以内混凝土拌和站(楼)拌和	100 m^3	0.506	

续表17-5

项	目	节	细目	名称	单位	工程量	备注
			4-11-11-22	运输能力 3 m^3 以内搅拌运输车运混凝土第一个 1 km	100 m^3	0.506	
			QL0202	桥墩	m^3	2015.7	
			QL020201	C30 圆柱式桥墩	m^3	1475.0	
			4-6-2-12 换	圆柱式墩台混凝土(高度 10 m 以内，非泵送)	10 m^3 实体	147.5	普 C25-32.5-4 换 普 C30-32.5-4
			4-6-2-24 换	现场加工柱式墩台 10 m 以内主筋焊接连接	1 t	17.777	[2001001]量 1.025 [2001002] 量 0.0
			4-6-2-24 换	现场加工柱式墩台 10 m 以内主筋焊接连接	1 t	152.683	[2001001]量 0.0 [2001002] 量 1.025
			4-11-11-13	生产能力 25 m^3/h 以内混凝土拌和站(楼)拌和	100 m^3	15.045	
			4-11-11-22	运输能力 3 m^3 以内搅拌运输车运混凝土第一个 1 km	100 m^3	15.045	
			QL020202	C30 台帽	m^3	70.6	
			4-6-3-1	混凝土墩、台帽非泵送	10 m^3 实体	7.06	
			4-6-3-5 换	现场加工桥(涵)台帽钢筋	1 t	1.917	[2001001]量 1.025 [2001002] 量 0.0
			4-6-3-5 换	现场加工桥(涵)台帽钢筋	1 t	7.494	[2001001]量 0.0 [2001002] 量 1.025
			4-11-11-13	生产能力 25 m^3/h 以内混凝土拌和站(楼)拌和	100 m^3	0.72	
			4-11-11-22	运输能力 3 m^3 以内搅拌运输车运混凝土第一个 1 km	100 m^3	0.72	
			QL020203	C30 盖梁	m^3	470.1	
			4-6-4-1	盖梁混凝土非泵送	10 m^3 实体	47.01	

续表17-5

项	目	节	细目	名称	单位	工程量	备注
			4-6-4-9 换	现场加工盖梁钢筋	1 t	14.082	[2001001]量 1.025 [2001002] 量 0.0
			4-6-4-9 换	现场加工盖梁钢筋	1 t	60.038	[2001001]量 0.0 [2001002] 量 1.025
			4-11-11-13	生产能力 25 m^3/h 以内混凝土拌和站(楼)拌和	100 m^3	4.795	
			4-11-11-22	运输能力 3 m^3 以内搅拌运输车运混凝土第一个 1 km	100 m^3	4.795	

表 17-6　特大、大、中桥工程数量表（上部构造）　原始数据表（预）

汀兰湖旅游公路第 3 合同段

序号	中心桩号	工程项目及数量													
		上部构造													
		预制 T 梁				现浇 T 梁									
		砼	钢筋			砼	钢筋								
		C50 /m³	钢绞线 /t	HPB300 /t	HRB400 /t	C50 /m³	钢绞线 /t	HPB300 /t	HRB400 /t						
1	2	3	4	5	6	7	8	9	10						
1	K18+205	1890.7	59.804	91.790	379.690	451.2	19.865	2.223	36.551						
	合计	1890.7	59.804	91.79	379.69	451.2	19.865	2.223	36.551						

表 17-7　上部构造列项表　原始数据表(预)

汀兰湖旅游公路第 3 合同段

项	目	节	细目	名称	单位	工程量	备注
1				第一部分 建筑安装工程费	公路公里	3.396	
104				桥梁涵洞工程	km	0.4	
	10404			大桥工程	m/座	400.0 / 1.0	
		1040401		K18+205 汀兰湖河大桥(预应力 T 梁)	m^2/m	4800.0 /400.0	
			QL03	上部构造	m^2	4800.0	
			QL0305	预应力混凝土 T 梁	m^3	1890.7	
			4-7-14-1	预制 T 形梁混凝土非泵送	10 m^3	189.07	
			4-7-14-9	双导梁安装 T 形梁	10 m^3	189.07	
			4-8-4-10	起重机装车平板拖车运第一个 1 km(构件质量 40 t 以内)	100 m^3 实体	18.907	
			4-7-28-2	双导梁	10 t 金属设备	13.0	
			4-11-9-1	平面底座	10 m^2 底座面积	40.68	
			4-7-19-17 换	预应力钢绞线束长 40 m 以内 7 孔每 t 5.618 束	1 t 钢绞线	59.804	实际束数：5.618 束
			4-7-14-3 换	现场加工预制预应力 T 形梁钢筋	1 t	91.79	[2001002]换 [2001001]
			4-7-14-3	现场加工预制预应力 T 形梁钢筋	1 t	379.69	
			4-7-14-10	现浇接缝混凝土	10 m^3	45.12	
			4-7-19-17 换	预应力钢绞线束长 40 m 以内 7 孔每 t 5.618 束	1 t 钢绞线	19.865	实际束数：5.618 束
			4-7-14-3 换	现场加工预制预应力 T 形梁钢筋	1 t	2.223	[2001002]换 [2001001]

续表17-7

项	目	节	细目	名称	单位	工程量	备注
			4-7-14-3	现场加工预制预应力 T 形梁钢筋	1 t	36.551	
			4-11-11-13	生产能力 25 m^3/h 以内混凝土拌和站(楼)拌和	100 m^3	23.698	
			4-11-11-22	运输能力 3 m^3 以内搅拌运输车运混凝土第一个 1 km	100 m^3	23.698	

表 17-8　特大、大、中桥工程数量表(附属工程)

汀兰湖旅游公路第 3 合同段

序号	中心桩号	工程项目及数量																	
		附属工程																	
		伸缩缝				搭板				支座		支座、垫石				护栏及人行道			桥面排水管 /m
		HRB400 /t	C50 /m^3	D120伸缩缝 /m	D160伸缩缝 /m	C30 /m^3	5%水稳碎石 /m^3	钢筋		盆式橡胶支座[支座反力(KN)]		砼	钢筋		钢板 /t	墙式护栏			
								HPB235 /t	HRB335 /t	2500 /个	1250 /个	C40 /m^3	HPB235 /t	HRB335 /t		C30 /m^3	HRB335 /t	钢材 /t	
1	2	3	4	5	6	7	8	9	10	11	12	13	14	15	16	17	18	19	20
1	K18+205	1.436	7.4	22	29	70.4	225.6		8.588	50	30	5.64		4.653		256.0	54.4		111
	合计	1.436				70.4	225.6		8.588	50.0	30.0	5.64		4.653		256.0	54.400		111.0

表 17-9　附属工程列项表　原始数据表(预)

汀兰湖旅游公路第 3 合同段

项	目	节	细目	名称	单位	工程量	备注
1				第一部分 建筑安装工程费	公路公里	3.396	
104				桥梁涵洞工程	km	0.4	
	10404			大桥工程	m/座	400.0 / 1.0	
		1040401		K18+205 汀兰湖河大桥(预应力 T 梁)	m^2/m	4800.0 / 400.0	
			QL05	桥梁附属结构	m^2	4800.0	
			QL0501	桥梁支座	个	80.0	
			QL050102	盆式橡胶支座	个	80.0	
			4-7-27-5 换	安装盆式橡胶支座(支座反力 3000 kN)	1 个	30.0	[6001061]换 [6001049]
			4-7-27-5 换	安装盆式橡胶支座(支座反力 3000 kN)	1 个	50.0	[6001061]换 [6001058]
			QL050103	支座垫石	m^3	12.94	
			4-6-2-86 换	盆式支座垫石混凝土	10 m^3 实体	0.73	普 C30 换 普 C40
			4-6-2-86	盆式支座垫石混凝土	10 m^3 实体	0.564	
			4-6-2-88	现场加工支座垫石钢筋	t	4.653	
			4-11-11-13	生产能力 25 m^3/h 以内混凝土拌和站(楼)拌和	100 m^3	0.132	
			4-11-11-22	运输能力 3 m^3 以内搅拌运输车运混凝土第一个 1 km	100 m^3	0.132	
			QL0502	伸缩缝	m	51.0	
			QL050201	模数式伸缩缝	m	51.0	

续表17-9

项	目	节	细目	名称	单位	工程量	备注
			4-11-7-1 换	模数式伸缩缝(伸缩量 480 mm 以内)	1 m	22.0	[6003004]换 [6003001]
			4-11-7-1 换	模数式伸缩缝(伸缩量 480 mm 以内)	1 m	29.0	[6003004]换 [6003003]
			4-11-7-5	模数式伸缩缝预留槽混凝土	10 m^3	0.74	
			4-11-7-6 换	模数式伸缩缝预留槽钢筋	1 t	1.436	[2001002]量 1.025 [2001001] 量 0.0
			QL0503	护栏与护网	m	800.0	
			5-1-1-5 换	现浇钢筋混凝土防撞护栏墙体混凝土	10 m^3 实体	25.6	普 C25 换 普 C30
			5-1-1-6 换	现浇钢筋混凝土防撞护栏墙体钢筋	1 t	54.4	[2001001]换 [2001002]
			QL0504	桥梁搭板	m^3	70.4	
			4-6-14-1	混凝土搭板	10 m^3 实体	7.04	
			2-1-2-23 换	稳定土拌和机拌和水泥碎石基层(水泥剂量 5%，压实厚度 120 cm)	1000 m^2	0.188	实际厚度：120 cm
			4-6-14-3	现场加工桥头搭板钢筋	1 t	8.588	
			4-11-11-13	生产能力 25 m^3/h 以内混凝土拌和站(楼)拌和	100 m^3	0.718	
			4-11-11-22	运输能力 3 m^3 以内搅拌运输车运混凝土第一个 1 km	100 m^3	0.718	
			QL06	其他工程	m	111.0	
			1-3-2-2 换	PVC 管安装(路基、中央分隔带盲沟)	100 m	1.11	[5001031]换 [5001014]

续表17-9

项	目	节	细目	名称	单位	工程量	备注
			4-5-2-7	浆砌片石锥坡、沟、槽、池	10 m^3	22.1	
			4-11-5-1	基础垫层填砂砾(砂)	10 m^3 实体	5.6	
			4-11-2-1	锥坡填土	10 m^3 实体	298.5	
			4-11-2-3	台背排水	10 m^3 实体	8.34	
			1-3-4-5	现浇混凝土边沟、排水沟	10 m^3 实体	0.85	
			4-11-5-1	基础垫层填砂砾(砂)	10 m^3 实体	0.26	

单元 18　隧道工程实务

知识目标： 熟悉隧道工程设计图纸与工程数量表的相关规定；
熟悉隧道工程定额套取相关规定。

能力目标： 能够通过设计图纸和施工组织设计文件对速调工程进行定额套取；
能够通过设计图纸对隧道工程进行工程量计算。

素质目标： 具备对隧道工程造价精益求精的控制意识；
具备工程造价相关法律意识。

课程导入

隧道工程是公路工程中最不常见的部分，其施工速度慢，地质条件复杂，工程预算投入高，对初学者难度较大。本单元仿照造价工程师考试教材，以例题的方式为学习者提供两个思路：如何套取隧道工程定额和如何计算隧道工程的工程量。

汀兰隧道起讫桩号为 K16+575～K17+975，隧道长度 1400 m，为双向两车道公路隧道。洞身中间设置 2 处停车带以便于车辆维修检查，单洞最大开挖断面直径 12.58 m。进口位于 $R=540$ 圆曲线上，出口位于 $R=600$ 圆曲线上。

由于本书篇幅有限，只选择了洞口及明洞、暗洞开挖与衬砌、防排水及其他工程进行列项。同时为了让学习者能够对桥梁工程更加了解，本书还附有隧道工程相关图纸，链接见本单元二维码。

18.1　洞口及明洞工程案例

请根据汀兰湖旅游公路第 3 合同段**洞口及明洞工程数量表**给出的工程量，对其进行列项（包括工程项目划分、工程数量计算和工程定额套用）。

洞口及明洞工程数量表见表 18-1；

洞口及明洞工程列项详细情况见表 18-2，相关图纸见二维码 C01 及 C04。

C01　隧道工程数量表 1

18.2　暗洞开挖与衬砌工程案例

请根据汀兰湖旅游公路第 3 合同段**暗洞开挖与衬砌工程数量表**给出的工程量，对其进行列项（包括工程项目划分、工程数量计算和工程定额套用）。

暗洞开挖与衬砌工程数量表见表 18-3；

暗洞开挖与衬砌工程列项详细情况见表 18-4，相关图纸见二维码 C02 及 C04。

C02　隧道工程数量表 2

18.3　防排水及其他工程案例

请根据汀兰湖旅游公路第 3 合同段**防排水及其他工程数量表**给出的工程量，对其进行列项（包括工程项目划分、工程数量计算和工程定额套用）。

防排水及其他工程数量表见表 18-5；

防排水及其他工程列项详细情况见表 18-6，相关图纸见二维码 C03 及 C04。

C03　隧道工程数量表 3

学习参考资料

单元学习参考资料链接，见二维码 C04。

C04　隧道工程图纸合集

表 18-1　洞口及明洞工程数量表

汀兰湖旅游公路第 3 合同段

序号	隧道名称	起讫桩号	长度/m	洞口、明洞开挖及回填								洞口及明洞防护					
				开挖		回填						边仰坡及成洞面防护					
				硬土/m^3	软石/m^3	M7.5 护拱/m^3	夯填土/m^3	砂砾垫层/m^3	粘土/m^3	种植土/m^3	植草/m^2	ϕ8 钢筋网/kg	C20 喷射砼/m^3	ϕ22 砂浆锚杆/kg	土工格室植草/m^2	M7.5 方格骨架/m^3	C20 现浇砼/m^3
1	2	3	4	5	6	7	8	9	10	11	12	13	14	15	16	17	18
1	汀兰隧道	K16+575～K17+975	1400	2317	4565	311.6	2117	37.9	190.7	75.8	637.6	3689.3	93.2	11122.8	247	25.6	

洞门建筑								洞口及明洞防排水							
洞门墙及挡块				洞门墙钢筋		洞门装饰		M7.5 浆砌片石		M7.5 水泥砂浆抹面		M20 水泥砂浆/m^2	φ200 铸铁管/m	1.2 mm 厚 EVA 防水卷材/m^2	300g/m^2 无纺土工布/m^2
C20 帽石/m^3	C15 片石砼/m^3	M7.5 浆片挡块/m^3	C30 砼/m^3	HPB235/kg	HRB335/kg	水泥乳胶漆/m^2	石板镶面/m^2	水沟/m^3	截水天沟/m^3	水沟/m^2	截水天沟/m^2				
19	20	21	22	23	24	25	26	27	28	29	30	31	32	33	34
		9.2				29		119.7	85	189	212.5	447.8	21.6	474.9	474.9

明洞衬砌			明洞衬砌		
C25 防水砼	C25 砼	C15 片石砼	明洞钢筋		C15 片石砼
拱部及边墙/m^3	仰拱及基础/m^3	边墙、中墙/m^3	HPB235/kg	HRB335/kg	仰拱回填/m^3
35	36	37	38	39	40
277.1	137		2832	25468	143.3

表 18-2 洞口及明洞工程列项表 原始数据表(预)

汀兰湖旅游公路第 3 合同段

项	目	节	细目	名称	单位	工程量	备注
1				第一部分 建筑安装工程费	公路公里	3.396	
105				隧道工程	km/座	1.4 / 1.0	
	10507			其他形式隧道	km/座	1.4 / 1.0	
		1050701		汀兰山隧道	m	1400.0	
			SD01	洞门及明洞开挖	m^3	6882.0	
			SD0101	挖土方	m^3	2317.0	
			1-1-9-9	斗容量 2.0 m^3 以内挖掘机挖装硬土	1000 m^3 天然密实方	2.317	
			1-1-11-21	装载质量 12 t 以内自卸汽车运石第一个 1 km	1000 m^3 天然密实方	2.317	
			SD0102	挖石方	m^3	4565.0	
			1-1-10-5	斗容量 2 m^3 以内装载机装软石	1000 m^3 天然密实方	4.565	
			1-1-11-7	装载质量 12 t 以内自卸汽车运土第一个 1 km	1000 m^3 天然密实方	4.565	
			1-1-12-31	功率 135 kW 以内推土机推软石第一个 20 m	1000 m^3 天然密实方	4.565	
			1-1-14-4	机械打眼开炸软石	1000 m^3 天然密实方	4.565	
			SD02	洞口坡面排水、防护	m^3	118.8	
			SD0202	浆砌片石护坡	m^3	25.6	
			1-4-11-2	浆砌片石护坡(坡高 10 m 以内)	10 m^3 实体	2.56	
			1-4-2-1	土工格栅挂网植草护坡	1000 m^2	0.247	
			1-4-2-7	机械液压喷播植草(填方边坡)	1000 m^2	0.198	

续表18-2

项	目	节	细目	名称	单位	工程量	备注
			1-4-2-7	机械液压喷播植草(填方边坡)	1000 m^2	0.638	
			SD0204	喷射混凝土	m^3	93.2	
			1-4-8-8	喷混凝土边坡(高 20 m 以内,喷射混凝土护坡)	10 m^3	9.32	
			SD0205	钢筋网	t	3.689	
			1-4-8-2	钢筋挂网边坡(高 20 m 以内,喷射混凝土护坡)	1 t	3.689	
			SD0206	锚杆	t	11.123	
			1-4-8-11	锚杆埋设边坡(高 20 m 以内,喷射混凝土护坡)	1 t	11.123	
			SD03	洞门建筑	m^3/座	213.9 / 2.0	
			SD0301	浆砌洞门墙	m^3	213.9	
			1-4-16-7	浆砌片石挡土墙墙身	10 m^3 实体	0.92	
			1-3-3-1	浆砌片石边沟、排水沟	10 m^3 实体	20.47	
			4-11-6-17	水泥砂浆抹面(厚 2 cm)	100 m^2	4.015	
			SD04	明洞修筑	m	25.0	
			SD0401	明洞衬砌及洞顶回填	m^3/m	3405.5 / 25.0	
			SD040101	混凝土衬砌	m^3	672.5	
			3-1-18-4	混凝土修筑明洞	10 m^3	27.71	
			3-1-9-3	现浇混凝土仰拱	10 m^3	13.7	
			3-1-9-4 换	现浇混凝土仰拱回填	10 m^3	14.33	泵 C15 换 片 C15
			4-11-11-3	容量 500L 以内混凝土搅拌机拌和	10 m^3	57.415	
			SD040102	钢筋	t	28.3	

续表18-2

项	目	节	细目	名称	单位	工程量	备注
			3-1-18-5 换	钢筋修筑明洞	1 t	28.3	[2001001]量 0.108 [2001002]量 0.916
			SD040103	洞顶回填	m^3	2733.0	
			SD04010301	浆砌片石	m^3	311.6	
			3-1-19-1	明洞浆砌片石回填	10 m^3	31.16	
			SD04010302	碎石土	m^3	2421.4	
			3-1-19-4	明洞土石回填	10 m^3	219.28	
			4-11-5-1	基础垫层填砂砾(砂)	10 m^3 实体	3.79	
			3-1-20-1	明洞隔水层	10 m^3	19.07	

表 18-3　暗洞开挖与衬砌工程数量表

汀兰湖旅游公路第 3 合同段

暗洞超前支护													暗洞开挖			
管棚			套拱					超前导管			超前锚杆		主洞开挖			
Φ108×6 mm 钢管/m	M30 水泥砂浆/m^3	双液浆/m^3	C25 砼/m^3	HPB235 钢筋/kg	HRB335 钢筋/kg	Φ133×4 mm 钢管/m	14 工字钢/kg	Φ42×3.5 mm 钢管/m	Φ50×3.5 mm 钢管/m	单浆液/m^3	Φ22 药卷锚杆/kg	Φ51 自进式锚杆/m	Ⅱ级围岩/m^3	Ⅲ级围岩/m^3	Ⅳ级围岩/m^3	Ⅴ级围岩/m^3
41	42	43	44	45	46	47	48	49	50	51	52	53	54	55	56	57
1741.4	12.8	115	82.4	684.1	2344.5	136	2629	5824		171.6	36449.6		42011	21093	35469	15534

暗洞初期支护														
									型钢拱架				格栅拱架	
C20 喷射砼拱、墙部/m^3	C25 砼仰拱铺底/m^3	钢筋网 HPB235/kg	Φ18 药卷系统锚杆/kg	Φ22 药卷锚杆/kg	垫板螺母/kg	D25 中空注浆锚杆/m	18 工字钢/kg	16 工字钢/kg	14 工字钢/kg	14 工字钢拆除/kg	Φ42 锁脚小导管/m	水泥浆液/m^3	HPB235/kg	HRB335/kg
58	59	60	61	62	63	64	65	66	67	68	69	70	71	72
4066.8	158.7	61706.7		86659.6	11283.1	14556.5	148171.4						18375.1	103650.2

暗洞二次衬砌								
C25 砼	C25 砼	钢筋		C20 砼	C15 片石砼	拱顶压注砂浆		拱顶压注砂浆
拱部及边墙/m^3	仰拱及基础/m^3	HPB235/kg	HRB335/kg	整平层/m^3	仰拱回填/m^3	Φ42 预埋钢管/m	Ⅰ～Ⅲ级围岩/m^3	Ⅳ～Ⅵ级围岩/m^3
73	74	75	76	77	78	79	80	81
11105.5	1174.2	5841	71685	1124.9	1905.6	316.3	198	145.8

表 18-4 暗洞开挖与衬砌工程列项表 原始数据表(预)

汀兰湖旅游公路第 3 合同段

项	目	节	细目	名称	单位	工程量	备注
1				第一部分 建筑安装工程费	公路公里	3.396	
105				隧道工程	km/座	1.4 / 1.0	
	10507			其他形式隧道	km/座	1.4 / 1.0	
		1050701		汀兰山隧道	m	1400.0	
			SDC5	洞身开挖	m^3/m	114107.0 / 1375.0	
			SD0501	开挖	m^3/m	114107.0 / 1375.0	
			3-1-3-8	正洞开挖Ⅱ级围岩隧长 2000 m 以内	100 m^3 自然密实土、石	420.11	
			3-1-3-9	正洞开挖Ⅲ级围岩隧长 2000 m 以内	100 m^3 自然密实土、石	210.93	
			3-1-3-10	正洞开挖Ⅳ级围岩隧长 2000 m 以内	100 m^3 自然密实土、石	354.69	
			3-1-3-11	正洞开挖Ⅴ级围岩隧长 2000 m 以内	100 m^3 自然密实土、石	155.34	
			3-1-3-46	正洞出渣隧道长度 2000 m 以内围岩级别Ⅰ~Ⅲ级	100 m^3 自然密实土、石	631.04	
			3-1-3-47	正洞出渣隧道长度 2000 m 以内围岩级别Ⅳ~Ⅴ级	100 m^3 自然密实土、石	510.03	
			SD0502	注浆小导管	m	5824.0	
			3-1-7-5	超前小导管	100 m	58.24	
			3-1-7-7	管棚、小导管注水泥水玻璃浆	10 m^3	17.16	
			SD0503	管棚	m	1741.4	
			3-1-7-4	管棚 ϕ108 mm	10 m	174.14	
			3-1-7-7	管棚、小导管注水泥水玻璃浆	10 m^3	11.5	

续表18-4

项	目	节	细目	名称	单位	工程量	备注
			3-1-7-6	管棚、小导管注水泥浆	10 m^3	1.28	
			3-1-7-1	管棚套拱混凝土	10 m^3	8.24	
			4-11-11-3	容量 500L 以内混凝土搅拌机拌和	10 m^3	8.405	
			3-1-18-5 换	钢筋修筑明洞	1 t	3.029	[2001001]量 0.189 [2001002] 量 0.836
			3-1-7-2	管棚套拱孔口管	10 m	13.6	
			3-1-5-1	制作安装型钢钢架	1 t 钢架	2.629	
			SD0504	锚杆	m	55812.934	
			3-1-6-3 换	中空注浆锚杆	100 m	145.565	[5509001]换 [5509002]
			3-1-6-2	药卷锚杆	1 t	36.45	
			3-1-6-2	药卷锚杆	1 t	97.943	
			SD0505	钢拱架(支撑)	t	270.196	
			3-1-5-1	制作安装型钢钢架	1 t 钢架	63.241	
			3-1-5-1	制作安装型钢钢架	1 t 钢架	61.95	
			3-1-5-1	制作安装型钢钢架	1 t 钢架	22.98	
			3-1-5-1	制作安装型钢钢架	1 t 钢架	41.665	
			3-1-5-1	制作安装型钢钢架	1 t 钢架	80.36	
			SD0509	喷混凝土	m^3	4066.8	
			3-1-8-1 换	喷射混凝土	10 m^3	406.68	喷 C25 换 喷 C20
			4-11-11-3	容量 500L 以内混凝土搅拌机拌和	10 m^3	488.016	

续表18-4

项	目	节	细目	名称	单位	工程量	备注
			4-11-11-22	运输能力 3 m^3 以内搅拌运输车运混凝土第一个 1 km	100 m^3	48.802	
			SD0510	钢筋网	t	61.707	
			3-1-6-5	钢筋网	1 t	61.707	
			SD06	洞身衬砌	m^3	11105.5	
			SD0602	现浇混凝土	m^3	11105.5	
			3-1-9-1	现浇混凝土(模板台车)	10 m^3	1110.55	
			4-11-11-3	容量 500L 以内混凝土搅拌机拌和	10 m^3	1299.344	
			4-11-11-22	运输能力 3 m^3 以内搅拌运输车运混凝土第一个 1 km	100 m^3	129.934	
			SD0603	钢筋	t	77.526	
			3-1-9-6 换	现场加工衬砌钢筋	1 t	77.526	增：[2001001] [2001001]量 0.077 [2001002]量 0.948
			SD07	仰拱	m^3	4363.4	
			SD0701	仰拱混凝土	m^3	1332.9	
			3-1-9-3	现浇混凝土仰拱	10 m^3	117.42	
			3-1-9-3	现浇混凝土仰拱	10 m^3	15.87	
			4-11-11-3	容量 500L 以内混凝土搅拌机拌和	10 m^3	138.622	
			4-11-11-22	运输能力 3 m^3 以内搅拌运输车运混凝土第一个 1 km	100 m^3	13.862	

续表18-4

项	目	节	细目	名称	单位	工程量	备注
			SD0702	仰拱回填混凝土	m^3	3030. 5	
			3-1-9-4 换	现浇混凝土仰拱回填	10 m^3	112. 49	泵 C15 换 普 C20
			3-1-9-4 换	现浇混凝土仰拱回填	10 m^3	190. 56	泵 C15 换 片 C15
			4-11-11-3	容量 500 L 以内混凝土搅拌机拌和	10 m^3	285. 445	
			4-11-11-22	运输能力 3 m^3 以内搅拌运输车运混凝土第一个 1 km	100 m^3	28. 544	

表 18-5 防排水及其他工程数量表

汀兰湖旅游公路第 3 合同段

防排水											防排水										
												路缘沟沉砂井、纵向排水检查井、路缘沟检查井、污水净化池、洞口人孔井、洞口横向截水沟									
1.2 mm 厚 EVA 防水卷材 /m^2	300g/m^2 无纺土工布 /m^2	矩形无中孔塑料盲管 /m	Ω 型弹簧排水管 /m	MY8C 塑料盲管路面排水 /m	PVCφ 110 mm 横向排水管 /m	PVCφ 110 mm 纵向排水管 /m	三通接管 /个	背贴式止水带 /m	缓膨型橡胶止水条 /m	中埋式橡胶止水带 /m	φ40 PVC U 管 /m	HPB235 钢筋 /kg	HRB335 钢筋 /kg	C20 现浇砼 /m^3	C30 现浇砼 /m^3	C40 预制砼 /m^3	ϕ114x5 钢管 /m	钢板 /kg	铸铁盖板 /kg	ϕ400x4 pvc 管 /m	ϕ32x3.5 pvc 管 /m
82	83	84	85	86	87	88	89	90	91	92	93	94	95	96	97	98	99	100	101	102	103
32887.8	32887.8	3324	1174.8	3127.1	188.2	2800	110.4	1089	3456	348	175	2770.7	9310.9	36.9	37.5	2.9	325.8	476	6384	12.3	33.6

防排水				路面					洞内装饰			注浆堵水			超前探孔	
电缆沟及路缘沟																
C30 预制砼盖板 /m^3	C30 现浇砼 /m^3	HPB235 钢筋 /kg	HRB335 钢筋 /kg	HPB235 钢筋 /kg	HRB335 钢筋 /kg	15 cmC20 砼主洞基层 /m^3	22 cm 水泥砼主洞路面 /m^2	C40 现浇砼板 /m^3	灰白色基层 /m^2	瓷砖 /m^2	1 mm 深蓝色防火涂料 /m^2	Φ108×4 钢管 /m	双液浆 /m^3	TSP 超前地质预报 /m	1 孔 /m	3 孔 /m
104	105	106	107	108	109	110	111	112	113	114	115	116	117	118	119	120
336	2099.6	27048	81144	635.6	5473	1477.2	11440	21.4	27581	8362.8				317		

表 18-6　防排水及其他工程列项表　原始数据表(预)

汀兰湖旅游公路第 3 合同段

项	目	节	细目	名称	单位	工程量	备注
1				第一部分 建筑安装工程费	公路公里	3.396	
105				隧道工程	km/座	1.4 / 1.0	
	10507			其他形式隧道	km/座	1.4 / 1.0	
		1050701		汀兰隧道	m	1400.0	
			SD08	洞内管、沟	m^3	2435.6	
			SD0801	电缆沟	m	2800.0	
			SD080101	现浇混凝土	m/m^3	2800.0 / 2099.6	
			3-1-13-1 换	现浇混凝土沟槽	$10\ m^3$	209.96	普 C25-32.5-4 换普 C30-32.5-4
			4-11-11-3	容量 500L 以内混凝土搅拌机拌和	$10\ m^3$	214.159	
			4-11-11-22	运输能力 3 m^3 以内搅拌运输车运混凝土第一个 1 km	$100\ m^3$	21.416	
			SD080102	预制混凝土	m/m^3	2800.0 / 336.0	
			3-1-13-3 换	预制混凝土沟槽盖板	$10\ m^3$	33.6	普 C25-32.5-4 换普 C30-32.5-4
			4-11-11-3	容量 500L 以内混凝土搅拌机拌和	$10\ m^3$	33.936	
			4-11-11-22	运输能力 3 m^3 以内搅拌运输车运混凝土第一个 1 km	$100\ m^3$	3.394	
			SD080103	钢筋	t	108.192	
			3-1-13-4 换	沟槽钢筋	1 t	108.192	增：[2001002] [2001001]量 0.316 [2001002]量 0.709

续表18-6

项	目	节	细目	名称	单位	工程量	备注
			SD0802	其他管沟混凝土	m^3	65.0	
			SD080201	现浇混凝土	m/m^3	2800.0 / 25.2	
			3-1-13-1 换	现浇混凝土沟槽	10 m^3	2.52	普 C25-32.5-4 换 普 C30-32.5-4
			4-11-11-3	容量 500L 以内混凝土搅拌机拌和	10 m^3	2.57	
			4-11-11-22	运输能力 3 m^3 以内搅拌运输车运混凝土第一个 1 km	100 m^3	0.257	
			SD080202	预制混凝土	m/m^3	2800.0 / 2.9	
			3-1-13-3 换	预制混凝土沟槽盖板	10 m^3	0.29	普 C25-32.5-4 换 普 C40-32.5-2
			4-11-11-3	容量 500L 以内混凝土搅拌机拌和	10 m^3	0.293	
			4-11-11-22	运输能力 3 m^3 以内搅拌运输车运混凝土第一个 1 km	100 m^3	0.029	
			SD080204	混凝土垫层	m^3	36.9	
			4-11-5-6 换	基础混凝土垫层	10 m^3 实体	3.69	普 C10-32.5-4 换 普 C20-32.5-4 洞内用洞外：人×1.26 机×1.26
			SD080205	排水管	m	45.9	
			3-1-12-2 换	纵向排水管（HPDE 管）	100 m	0.123	[5001031]换[5001033]
			3-1-12-2 换	纵向排水管（HPDE 管）	100 m	0.336	增：[5002001]∮32 × 3.5pvc 管 [5002001]∮32 × 3.5pvc 管 量 102.0 [5001031] 量 0.0
			1-3-6-3	铸铁箅子安放（雨水井、检查井）	10 套	8.8	
			5-4-2-2	风机洞内预埋钢管	100 m	3.42	

续表18-6

项	目	节	细目	名称	单位	工程量	备注
				钢板	kg	476.0	476.0 × 7.75 元
			SD09	防水与排水	m^3	0.0	
			SD0901	防水板	m^2	66725.4	
			3-1-11-1	复合式防水板	100 m^2	4.749	
			3-1-20-2 换	明洞防水层	10 m^2	47.49	[5007002]换 [5007001]
			3-1-11-1	复合式防水板	100 m^2	328.878	
			3-1-20-2 换	明洞防水层	10 m^2	3288.78	[5007002]换 [5007001] [3001005] 量 0.0 [5503005] 量 0.0 [5509001] 量 0.0
			SD0902	止水带、条	m	4893.0	
			3-1-11-2	橡胶止水带	10 m	34.8	
			3-1-11-3	橡胶止水条	100 m	34.56	
			3-1-11-2 换	橡胶止水带	10 m	108.9	增：[5002002]背贴式橡胶止水带 [5002002]背贴式橡胶止水带 量 10.25 [5001049] 量 0.0
			SD0903	压浆	m^3	342.5	
			3-1-14-1 换	拱顶Ⅰ~Ⅲ级围岩预留孔压浆	10 m^3	19.8	[5509001]换[5509002]
			3-1-14-3 换	拱顶Ⅳ~Ⅵ级围岩预留孔压浆	10 m^3	14.45	[5509001]换[5509002]
			SD0904	排水管	m	10810.7	
			3-1-12-6	环向排水管(塑料盲沟)	100 m	33.24	

续表18-6

项	目	节	细目	名称	单位	工程量	备注
			3-1-12-1	纵向排水管(弹簧管)	100 m	11.748	
			3-1-12-2 换	纵向排水管(HPDE 管)	100 m	1.882	增:[5002003]三通管 [5002003]三通管量 18.958
			3-1-12-2 换	纵向排水管(HPDE 管)	100 m	28.0	增:[5002003]三通管 [5002003]三通管量 4.29
			3-1-12-2 换	纵向排水管(HPDE 管)	100 m	0.216	增:[5002004]φ20 铸铁管 [5002004]φ20 铸铁管 量 102.0 [5001031]量 0.0
			3-1-12-6	环向排水管(塑料盲沟)	100 m	1.75	
			3-1-12-6	环向排水管(塑料盲沟)	100 m	31.271	
			SD10	洞内路面	m^2	11440.0	
			SD1001	水泥混凝土路面	m^2	11440.0	
			2-2-17-5 换	摊铺机铺筑混凝土路面厚度 27 cm(滑模式)	1000 m^2 路面	11.44	实际厚度(cm):27 cm 普 C30 换 普 C40 洞内用洞外:人×1.26 机×1.26
			2-2-17-15 换	水泥混凝土路面钢筋	1 t	47.174	[2001001]量 0.608 [2001002] 量 0.416 洞内用洞外:人×1.26 机×1.26
			SD1003	贫混凝土基层	m^2	11440.0	
			4-11-5-6 换	基础混凝土垫层	10 m^3 实体	147.72	普 C10-32.5-4 换 普 C20-32.5-4 洞内用洞外:人×1.26 机×1.26
			SD1004	现浇混凝土搭板	m^3	21.4	

续表18-6

项	目	节	细目	名称	单位	工程量	备注
			4-6-14-1 换	混凝土搭板	10 m^3 实体	2. 14	普 C30-32. 5-4 换 普 C40-32. 5-4
			4-11-11-3	容量 500L 以内混凝土搅拌机拌和	10 m^3	2. 183	
			SD11	洞身及洞门装饰	m^2	29. 0	
			SD1102	喷防火涂料	m^2	29. 0	
			3-1-21-2 换	洞内喷涂防火涂料	100 m^2	0. 29	增：[5010001]水泥乳胶漆 [5010001]水泥乳胶漆 量 940. 8 [5009018] 量 0. 0
			SD12	地质预报	m	1365. 0	
				TSP 超前地质预报	m	1365. 0	1365. 0 × 150 元

课程思政

桥梁施工场地附近地面下沉带来的影响

工程概况	1. DQ 公司承接 JNL 特大桥施工项目，按投标文件的承诺完成了施工准备。DQ 公司根据设计图纸和实际环境因素，制定了施工组织设计，并严格按施工组织设计文件进度计划施工。 2. 3 月 10 日，JNL 大桥往东 2 km 处地面开始整体下沉，下沉影响面积达 2 平方公里，经测量一月之内下沉 0.3 m。2 月 23 日，附近农田相继出现大坑，面积从十几平方到几十平方不等，另有几处民房倒塌。 3. 村委会找到工程建设指挥部，要求解决田地塌陷的问题。工程建设指挥部派员前往 DQ 公司，经查 DQ 公司按施工组织设计进度安排，于 3 月 2 日打下了第 1 根桩，做完承载力试验后并未进行下一步施工。 4. 业主召集施工、监理、设计共同开会商议。设计院表示根据物探报告，桩位下方无溶洞，且施工桩位坐标、桩深与桩径均无误。 5. 施工单位按业主要求，往桩位附近注入泥浆，据观察附近水源均未受影响。 6. 村委会按工程建设指挥部要求，提交了初步受损报告，其中房屋损失 26 万元、地上附着物损失 9 万元、道路损失 5 万元、青苗费损失 8 万元
工地会议	1. DQ 公司表示桥梁施工程序规范，严格按进度计划进行，施工人员、设备均无问题。 2. 设计代表表示桥位设计严格参照物探报告，无不良影响。 3. 监理代表表示桥梁施工过程规范，无违规现象。但地面塌陷的可能原因是桩基位置贯穿了隔水层，造成上层含水层的水流往下层含水层，引起地面塌陷。但上述结论缺乏证据支持。 4. 业主要求 DQ 公司往桩位附近注入泥浆。 5. 业主要求建设指挥部做出初步损失报告
处理过程	1. 根据保险合同，自然灾害的定义为："……地面下陷下沉及其他人力不可抗拒的破坏力强大的自然现象。" 2. 根据现有证据，业主找来保险公司，按照工程一切险进行索赔。索赔金额不足的部分，由工程建设指挥部从拆迁经费中支出。 3. 经业主与保险公司交涉，很快就完成了赔付。 4. 道路损失部分，由 DQ 公司负责复原。地面塌陷是否会影响水田的产量，按当年产出由工程建设指挥部办理水改旱手续。 5. JNL 特大桥后续施工时，附近地面并无下沉的现象
分歧分析	本工程案例并无纠纷：DQ 公司或者说建设项目是否要为塌陷事件负责。 1. DQ 公司的施工纪录可以证明，桥梁施工严格按照规范进行。 2. 没有任何证据可以证明塌陷事件是由 DQ 公司施工引起的。 3. 塌陷事件并没有找出准确的原因。只是除了桥梁施工外，找不到其他原因。 4. 地面下陷下沉属于比较典型的自然现象，保险公司经调查后给出了赔付

软 件 篇

模块五　公路造价软件

<table>
<tr><td>引入思考</td><td colspan="2">手工编制公路工程造价文件时，计算过程复杂，计算量极大且容易出错。一旦在编制过程中发现有计算错误存在，往往需要对全部数据重新进行计算，从而导致造价文件手工编制工作量相当之大。
《公路工程建设项目概算预算编制办法》(JTG 3830—2018)与上一版编制办法有很多不同之处。其中最为明显的就是概算预算费用的计算方法。在新版编制办法中，建筑安装工程费的计算较上一版更复杂，使得手工编制公路工程概算预算数据处理工作量更大、更困难。
实际上，在工程施工过程中，造价从业人员均采用软件编制造价文件。使用造价软件可以快速完成造价文件编制，而且在复核过程中也能快速修改相关数据。通过减少造价文件编制的工程量，工程造价人员集中精力于原始数据的准确性即可。
目前公路工程建设领域内常用的造价软件主要有同望、纵横和中交京纬。上述造价软件各有特色，计算结果大同小异，本模块主要介绍纵横造价软件</td></tr>
<tr><td rowspan="2">学习内容</td><td>软件工作原理</td><td>了解造价软件需要输入哪些参数；
熟悉软件后台生成概预算表格的流程</td></tr>
<tr><td>概算编制案例</td><td>了解纵横造价软件的基本操作；
了解公路概算文件组成；
了解公路概算文件复核方法</td></tr>
<tr><td rowspan="3">学习目标</td><td>知识目标</td><td>了解纵横软件的操作界面；
了解纵横软件的操作方法；
了解公路工程概算预算文件的软件编制方法；
了解公路工程概算预算文件的复核方法</td></tr>
<tr><td>能力目标</td><td>能够根据图纸独立完成工程量复核；
能够使用纵横造价软件完成工程文件编制；
能够使用纵横造价软件完成单价文件编制；
能够使用纵横造价软件完成费率文件编制；
能够使用纵横造价软件打印公路工程造价文件</td></tr>
<tr><td>重点难点</td><td>公路工程概算案例</td></tr>
<tr><td>学习参考资料</td><td colspan="2">模块五参考资料汇总：
A12 汀兰湖高速连接线改扩建工程概算文件
模块五　数字资源链接</td></tr>
</table>

单元 19　公路造价软件处理数据与生成表格流程

知识目标： 了解公路造价软件需要输入的参数。
能力目标： 能够根据原理完成公路造价文件的编制与复核。
素质目标： 准确复核公路工程预算；
具备工程造价相关法律意识。

课程导入

公路工程造价软件多种多样，各软件操作界面与操作流程区别较大，但背后的原理却是大同小异。本单元将介绍公路造价软件原理，以供各位学习者理清软件的操作及其相关费用复核的思路。本单元将从需要输入的基本参数入手(表 19-1)。

表 19-1

需要输入的基本参数				
项目管理	工程量	工程价	工程费率	其他费用

19.1　造价文件基本参数

根据《公路基本建设工程概算预算编制办法》，编制公路工程造价文件需要输入的基本参数可以分为五类：项目管理类、工程量类、工程价类、工程费率类和其他部分类。

1. 项目管理类基本参数

输入“项目管理”基本参数的目的是建立造价文件文档及形成“建设项目属性及技术经济信息表”(00 表)。项目管理类基本参数一般包括：建设项目名称、合同段、起讫桩号、造价文件类型，以及其他需要说明的信息。

2. 工程量类基本参数

输入“工程量”基本参数的目的是形成“分项工程概算预算表”(21-2 表)。工程量类基本参数包括：项目表选用、定额号和工程数量，以及相关的定额抽换等。

3. 工程价类基本参数

输入“工程价”基本参数的目的是为了向“分项工程概算预算表”(21-2 表)提供工料机预算价格，以及统计辅助生产相关的劳动量。

工程价类基本参数包括：人工工日单价、外购材料原价、自采材料定额号、运输方式、运距、运费、杂费、场外运输损耗率、采购及保管费率、包装品回收价值、毛重系数或单位毛重、供应地点等。

4. 工程费率类基本参数

输入“工程费率”基本参数的目的是形成“综合费率计算表”(04 表)，并向 21-2 表提供数据。工程费率类基本参数参数包括：措施费 9 项、企业管理费 5 项、规费 5 项，以及利润率和税率。

5. 其他部分类基本参数

输入“其他部分”基本参数的目的是生成 05、06、07、08 表。其他部分类基本参数主要包括：设备购置费用、专项费用、土地征用、房屋拆迁、地上附着物及青苗费、工程建设其他费用等。

19.2 软件后台生成甲、乙组文件

输入“项目管理”“工程费率”“工程量”“工程价”“其他部分”基本参数后，软件会在后台自动引用相关数据，并在各表生成数据后，相互交叉引用，最终生成甲、乙组所有表格，详见图 19-1。

思考与练习

市面上的公路造价软件，生成的甲、乙组表格格式都是一样的，只有数据大同小异。但不同软件生成的 21-1 表却区别很大，甚至内容都不一样，为什么？

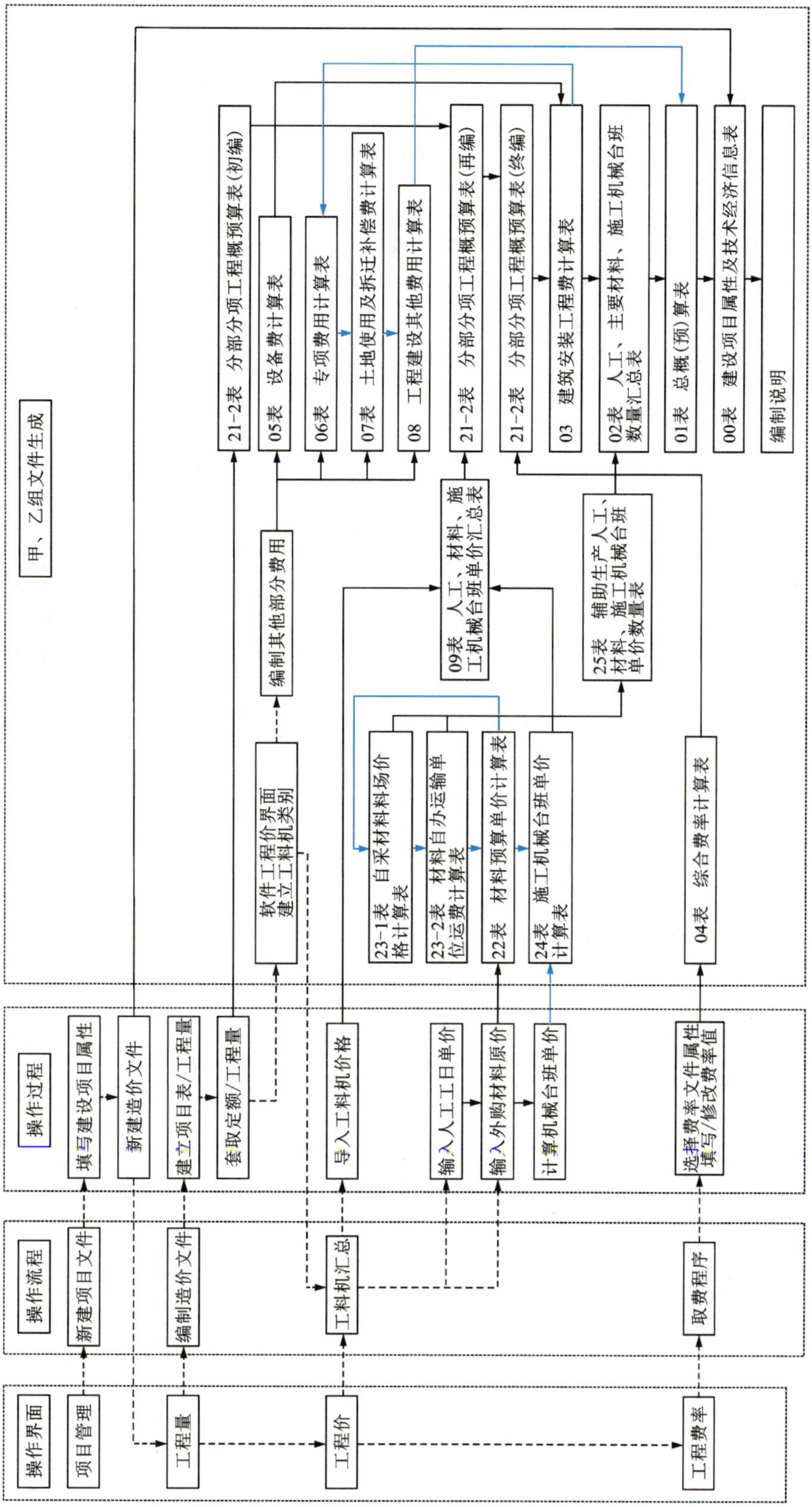

图19-1　造价软件生成甲、乙组文件数据引用原理图

单元 20　纵横公路造价软件及概算案例

知识目标： 了解公路造价软件需要输入的参数。
能力目标： 能够根据原理完成公路造价文件的编制与复核。
素质目标： 具有对造价软件的使用精益求精的精神；
具备工程造价相关法律意识。

课程导入

公路工程概预算的编制是一项复杂而又烦琐的计算工作，极易出错。使用软件编制概预算时，造价编制人员只需设置好相关参数即可，与之相关的计算及引用工作将由软件自动完成，从而免去造价编制人员的大量重复劳动，使之能更好地编制及检查概预算。为了提高计算的准确性和效率，公路相关部门在公路建设领域已经广泛推广软件在概预算编制中的应用。

目前公路建设常用的软件有同望、纵横以及中交京纬等，本单元将简单介绍纵横软件的使用。

20.1　纵横公路造价软件介绍

纵横软件其简单编制概预算的过程大致可以分为八个步骤：

(1) 建立项目文件。

(2) 建立项目表。

(3) 选定额、输定额工程量。

(4) 定额调整。

(5) 计算第二、三部分费用。

(6) 工料机分析与单价计算。

(7) 确定费率文件。

(8) 报表输出。

其中，(1) 和 (8) 是软件基本操作。

(2) ~ (7) 可以归结为三个文件：造价书文件、工料机文件和费率文件的编制，如图 20-1 所示。

图 20-1　纵横软件编制界面

20.2　编制界面简介

1. 费率文件编制界面

费率文件的编制不受外界环境的干扰，只要根据当地交通部门相关规定和合同文件条款即可完成编制工作。

该文件可以最先编制，也可以最后编制，没有特定的要求。相对而言，费率文件的编制是最简单的。

规费费率需要造价编制人员手动输入，其余费率只需在已给出的栏目中选择对应的选项即可，费率输入界面如图 20-2 所示。完成这些栏目的设置之后，费率文件将自动生成。费率文件可以在编制界面查看，点击报表即可查看费率计算参数。

费率计算参数	
名称	参数值
工程所在地	湖南
费率标准	部颁概预算费率标准(2018)
冬季施工	不计
雨季施工	不计
夜间施工	不计
高原施工	不计
风沙施工	不计
沿海地区	不计
行车干扰	不计
施工辅助	不计
工地转移(km)	0
基本费用	不计
⊞ 综合里程(km)	0
职工探亲	不计
职工取暖	不计
财务费用	不计
养老保险(%)	0
失业保险(%)	0
医疗保险(%)	0
工伤保险(%)	0
住房公积金(%)	0

图 20-2　费率输入界面

2. 工程文件编制界面

工程文件的编制比较复杂，过程较多，此处不做详细介绍，其编制界面如图 20-3 所示。

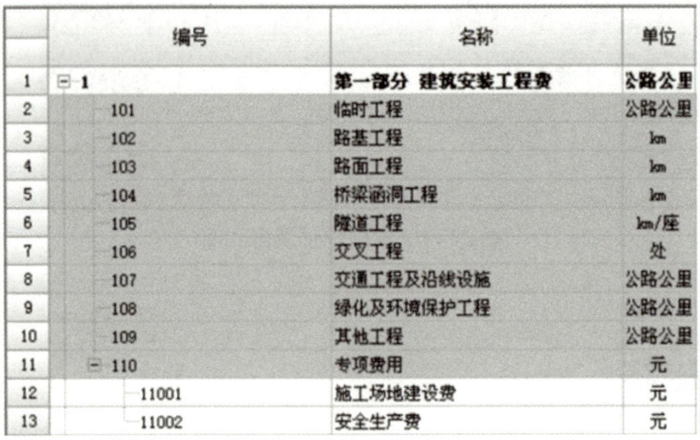

	编号	名称	单位
1	⊟ 1	第一部分 建筑安装工程费	公路公里
2	101	临时工程	公路公里
3	102	路基工程	km
4	103	路面工程	km
5	104	桥梁涵洞工程	km
6	105	隧道工程	km/座
7	106	交叉工程	处
8	107	交通工程及沿线设施	公路公里
9	108	绿化及环境保护工程	公路公里
10	109	其他工程	公路公里
11	⊟ 110	专项费用	元
12	11001	施工场地建设费	元
13	11002	安全生产费	元

图 20-3　工程文件编制界面

3. 单价文件编制界面

单价文件主要是计算工程文件中出现的各种人工工日、材料预算单价和施工机械台班单价，其编制界面如图 20-4 所示。

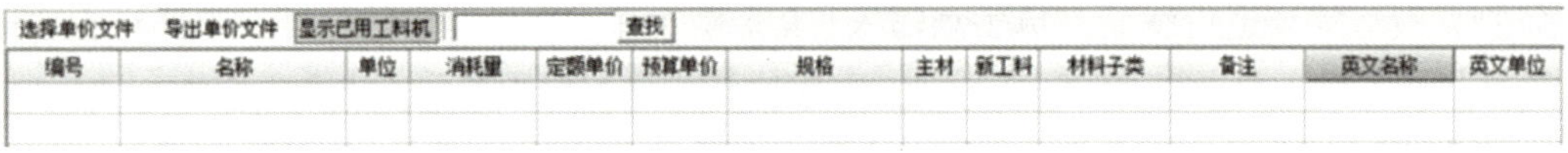

编号	名称	单位	消耗量	定额单价	预算单价	规格	主材	新工料	材料子类	备注	英文名称	英文单位

图 20-4　工料机编制界面

20.3　工程文件编制

工程文件相当于整个概预算文件的骨架，费率文件为其提供费率，单价文件为其提供单价。工程文件的编制，包括四个步骤：建立项目表，选定额及输工程量，定额调整，计算第二、三部分费用。

[例 20-1]　某新建二级公路乙组文件编制示例。

工程概况：湖南省长沙市某新建二级公路，路线总长度为 15 km，路基宽 12 m，其中骨架护坡的设计资料见表 20-1。

表 20-1

序号	项目名称	单位	工程量	附注
1	浆砌片石护坡	M^3	3000	M7.5 砌筑，M10 勾缝

1. 建立项目表

点击图标"项目表"进入，以"浆砌片石护坡(10 m 以内)"为例，双击"一般边坡防护与加固"即可建立"项目表"，如图 20-5 所示。

选用	编号	名称	单位
□	1	第一部分　建筑安装工程费	公路公里
□	101	临时工程	公路公里
□	102	路基工程	km
□	103	路面工程	km
□	104	桥梁涵洞工程	km
□	105	隧道工程	km/座
□	106	交叉工程	处
□	107	交通工程及沿线设施	公路公里
□	108	绿化及环境保护工程	公路公里
□	109	其他工程	公路公里
□	110	专项费用	元
□	2	第二部分　土地使用及拆迁补	公路公里
□	3	第三部分　工程建设其他费	公路公里
□	4	第四部分　预备费	公路公里
□	5	第一至四部分合计	公路公里
□	6	建设期贷款利息	公路公里
□		新增加费用项目	元
□	7	公路基本造价	公路公里

编号	名称	单位
1	第一部分　建筑安装工程费	公路公里
101	临时工程	公路公里
102	路基工程	km
LJ01	场地清理	km
LJ02	路基挖方	m3
LJ03	路基填方	m3
LJ04	结构物台背回填	m3
LJ05	特殊路基处理	km
LJ06	排水工程	km
LJ07	路基防护与加固工程	km
LJ0701	一般边坡防护与加固	km
LJ0702	高边坡防护与加固	km/处
LJ0703	冲刷防护	m
LJ0704	其他防护	km
LJ08	路基其他工程	km
103	路面工程	km

图 20-5　纵横软件项目表

此时"造价书"界面如图 20-6 所示，也可自行添加子目录，如图 20-7 所示。

编号	名称	单位
1	第一部分　建筑安装工程费	公路公里
101	临时工程	公路公里
102	路基工程	km
LJ07	路基防护与加固工程	km
LJ0701	一般边坡防护与加固	km
103	路面工程	km

图 20-6　纵横软件项目表

编号	名称	单位
1	第一部分　建筑安装工程费	公路公里
101	临时工程	公路公里
102	路基工程	km
LJ07	路基防护与加固工程	km
LJ0701	一般边坡防护与加固	km
1	浆砌片石护坡	

图 20-7　自行添加项目表子目录

2. 选定额及输工程量

点选编制界面的工程名称，并点击"定额选择"，如图 20-8 所示。

双击后，编制界面出现如图 20-9 所示内容，在"工程量"一栏中输入 3000。系统将自动将其除以定额单位，故图片上显示的是 300.000。此时，该定额的选定及输入工程量结束。

3. 定额调整

有些定额需要进行抽换，抽换结束后，"调整状态"一栏有相应变化，如图 20-10 所示。

定额选择
定额搜索
名称
详情
1 1.路基工程
2 1.路基土、石方工程
27 2.特殊路基处理工程
47 3.排水工程
56 4.防护工程
57 1.人工铺草皮
58 2.植草护坡
61 3.编篱填石护坡
62 4.木笼、竹笼、铁丝笼填石护坡
63 5.现浇混凝土护坡
64 6.预制混凝土护坡
65 7.灰浆抹面护坡
66 8.喷射混凝土护坡
70 9.预应力锚索护坡
75 10.边坡柔性防护
76 11.石砌护坡
77 12.木桩填石护岸
78 13.抛石防护
79 14.防风固沙
添加定额
插入定额
替换定额
编号 名称 单位 基价
1-4-11-1 干砌片石护坡 10m3实体 1304
1-4-11-2 浆砌片石护坡(坡高10m以内) 10m3实体 2334
1-4-11-3 浆砌块石护坡(坡高10m以内) 10m3实体 2402
1-4-11-4 浆砌片石护坡(坡高10m以上) 10m3实体 2419
1-4-11-5 浆砌块石护坡(坡高10m以上) 10m3实体 2487

图 20-8　定额选择界面

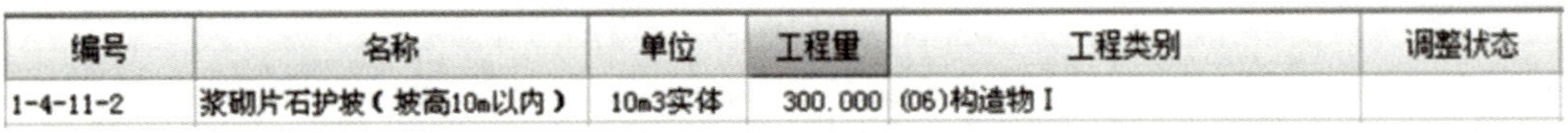
编号 名称 单位 工程量 工程类别 调整状态
1-4-11-2 浆砌片石护坡(坡高10m以内) 10m3实体 300.000 (06)构造物 I

图 20-9　定额计算界面

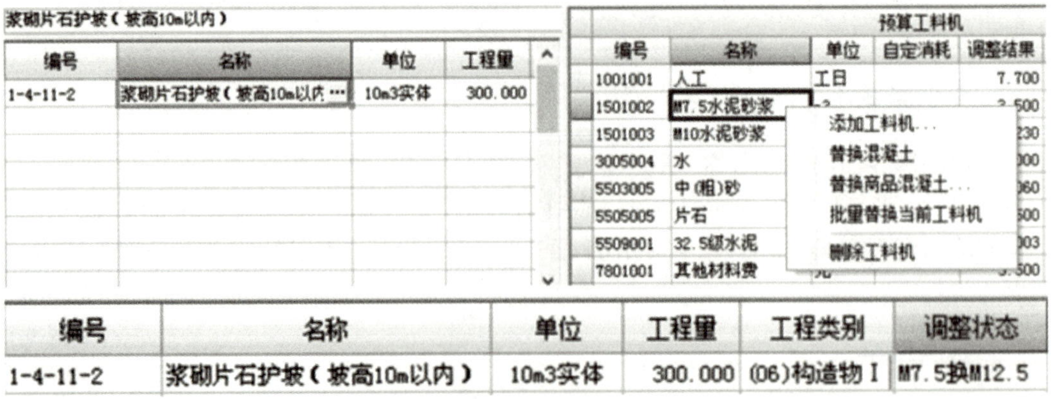
浆砌片石护坡(坡高10m以内)
编号 名称 单位 工程量
1-4-11-2 浆砌片石护坡(坡高10m以内… 10m3实体 300.000
预算工料机
编号 名称 单位 自定消耗 调整结果
1001001 人工 工日 7.700
1501002 M7.5水泥砂浆
1501003 M10水泥砂浆
3005004 水
5503005 中(粗)砂
5505005 片石
5509001 32.5级水泥
7801001 其他材料费
添加工料机...
替换混凝土
替换商品混凝土...
批量替换当前工料机
删除工料机
编号 名称 单位 工程量 工程类别 调整状态
1-4-11-2 浆砌片石护坡(坡高10m以内) 10m3实体 300.000 (06)构造物 I M7.5换M12.5

图 20-10　定额调整界面

4. 计算第二、三部分费用

该部分项目较多，但计算比较简单，一般情况下直接输入取费即可，如图 20-11 所示。

2	第二部分　土地使用及拆迁补偿费	公路公里
201	土地使用费	亩
202	拆迁补偿费	公路公里
203	其他补偿费	公路公里
3	第三部分　工程建设其他费	公路公里
301	建设项目管理费	公路公里
302	研究试验费	公路公里
303	建设项目前期工作费	公路公里
304	专项评价（估）费	公路公里
305	联合试运转费	公路公里
306	生产准备费	公路公里
307	工程保通管理费	公路公里
308	工程保险费	公路公里
309	其他相关费用	公路公里
4	第四部分　预备费	公路公里
401	基本预备费	公路公里
402	价差预备费	公路公里
5	第一至四部分合计	公路公里
6	建设期贷款利息	公路公里
	新增加费用项目	元
	*请在此输入费用项目	
7	公路基本造价	公路公里

图 20-11　造价书界面

20.4　单价文件编制

1. 单价文件的作用

21-2 表完成初编之后，会因缺乏人工、材料和机械预算单价而无法继续编制。因此，造价人员需要在完成相关计算后，再将各种预算单价代入 21-2 表。这样 21-2 表的编制才能得以继续。单价文件即为工程文件提供人工、材料和机械的预算单价，以便使 21-2 表在初编之后可以继续进行。

2. 单价文件的组成

单价文件包括若干种预算单价，可分为三个类别：人工工日单价、材料预算单价、施工机械台班预算单价。其中，人工工日价格根据当地交通主管部门相关文件确定；材料预算单价根据实际价格或合同价格确定；施工机械台班预算价格按现行《公路工程机械台班费用定额》结合当地市场价格决定。

3. 单价文件的编制

材料预算单价的计算比较复杂。使用造价软件进行编制时，通常需要依次确定人工工日单价、材料预算单价、施工机械台班预算单价。单价文件编制结果如图 20-12 所示，其中预算单价可以随意修改，如合同或者业主中对某项预算单价做了规定，则可以直接在“定额单价”一栏中直接修改，无需计算。

编号	名称	单位	消耗量	定额单价	预算单价
1001001	人工	工日	4620.000	106.28	106.28
1051001	机械工	工日	150.000	106.28	106.28
3003003	柴油	kg	2941.800	7.44	7.44
3005002	电	kW·h	1935.900	0.85	0.85
3005004	水	m3	9600.000	2.72	2.72
5503005	中(粗)砂	m3	2475.375	87.38	87.38

图 20-12　工料机计算界面

[例 20-2]　试确定例 20-1 中 21-2 表编制时所需用到的预算单价。

解：使用纵横造价软件，编制时大致可分六个步骤。

第一步：进入编制界面。

工料机图标如图 20-13 所示，点击图标进入单价文件编制界面。

图 20-13

第二步：人工工日单价确定。

根据湘交基建〔2019〕74 号文，人工工日单价为 103.86 元/工日，可直接修改，如图 20-14 所示。

编号	名称	单位	消耗量	定额单价	预算单价
1001001	人工	工日	4620.000	106.28	103.86
1051001	机械工	工日	150.000	106.28	106.28

图 20-14

第三步：材料预算单价确定(1)。

以水泥为例，先点击材料名称以选定相关材料，如图 20-15 所示。

编号	名称	单位	消耗量
5505005	片石	m3	6900.000
5509001	32.5级水泥	t	691.749
7801001	其他材料费	元	2100.000
8001045	1.0m3以内轮胎式装载机	台班	60.000

图 20-15

第四步：材料预算单价确定(2)。

以水泥为例，先点击材料名称以选定相关材料计算运费。然后在“原价”一栏中输入该材料的市场价格，即完成该材料的预算单价设置，如图 20-16 所示。最后逐一对其余材料进行设置。

	起讫地点	运输工具	单位运价	km运距	装卸费单价	装卸次数	其它费用	运价增加率(%)	加权系数	计算式
1	县城-工地	汽车	2	20	3	1	0	0	1	(2.000×20+3.000)×1.01
2										

编号	名称	预算价	供应地点	原价	单位运费	单位毛重(吨)	装卸次数	每增加一次装卸损耗率	场外运输损耗率	场外运输损耗	采购及保管费率	采购及保管费	包装品回收价值
5509001	32.5级水泥	361.23	县城	307	43.43	1.01	1	0.4	1	3.504	2.06	7.291	0

图 20-16　外购材料运费计算界面

第五步：材料预算单价确定(3)。

有些材料是施工单位自采自用的，并没有发生买卖，这时候“原价”等于施工单位的开采费用，而不是市场价格，即此处还应先计算材料料场单价。以片石为例，如图 20-17 所示，其中的供应价为编制结果。

	供应地点	供应价	加权系数
1	料场	31.514	1

	定额编号	名称	单位	数量	高原取费类别
1	8-1-5-2	机械开采片石	100m3码方	0.01	
2					

图 20-17

第六步：施工机械台班单价确定。

一般情况下，施工机械台班单价无需设置，系统会自动生成。需要注意的是，应检查可变费用中的人工工日单价、材料预算单价是否正确。特殊情况下可以对施工机械台班单价进行调整，但此处不再详细讲解。以轮胎式装载机为例，如图 20-18 所示。

编号	名称	单位	预算单价	不变费用				
				折旧费	检修费	维护费	安拆辅助费	合计
8001045	1.0m3以内轮胎式装载机	台班	585.22	50.24	16.40	47.52	0.00	114.16

可变费用										
机械工	动力燃料消耗								养路费车船税	合计
	重油	汽油	柴油	电	煤	水	木柴	小计		
1	0	0	49.03	0	0	0	0	364.78	0.00	471.06

图 20-18

20.5　费率文件编制

1. 费率文件的作用

在编制 21-2 表时，需要引用 04 表中的各项费率，然后才能将 21-2 表编制完整。

在造价软件相关的文件中，费率文件是为工程文件提供各项费率数据的，即工程文件是主文件，费率文件是从文件。当工程人员需要确定某个费率时，只需要在费率文件中确定即可；当需要修改某个费率时，也只需要在费率文件中修改即可；不需要将概预算文件中每个数据都确定或者修改过来。

2. 费率文件的组成

费率文件包含若干个费率，费率可分为三个类别：措施费、企业管理费、规费。费率的详细种类见表 20-2。其中，措施费率根据《编制办法》相关办法查表可得；企业管理费根据《编制办法》相关规定确定；规费可根据当地交通部门相关文件确定；部分费率需计算得出。

表 20-2　公路概算预算费率组成

措施费	冬季施工增加费、雨季施工增加费、夜间施工增加费、高原地区施工增加费、风沙地区施工增加费、沿海地区施工增加费、行车干扰工程施工增加费、施工辅助费、工地转移费	9 项
规费	养老保险费、失业保险费、医疗保险费、住房公积金、工伤保险费	5 项
企业管理费	基本费用、主副食运费补贴、职工探亲路费、职工取暖补贴、财务费用	5 项

3. 费率文件的编制

手动编制时，各项费率通常需要自己查表计算。使用造价软件进行编制时，通常只需调用程序内已经设置好的选项即可，无需进行计算，即逐项选择各费率，然后由软件自动给出相应数据。

[例 20-3]　试根据例 20-1 编制 04 表。

解：用纵横造价软件编制，其步骤如下。

第一步：进入费率界面，如图 20-19 所示。

图 20-19

第二步：选择工程施工地点与费率标准。

本题所示施工地点位于长沙，故应选择湖南选项，然后选择相应费率标准。过程如图 20-20 所示。

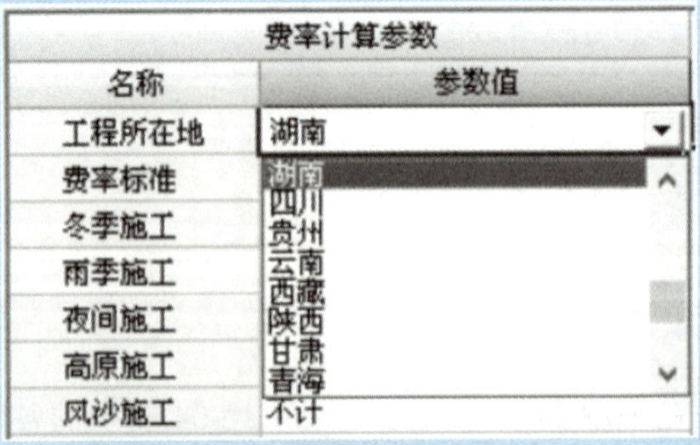

图 20-20

第三步：编制措施费费率（共九项）。

《编制办法》中规定，措施费费率需要查表得出。但是在软件中只需选择相应选项即可。

以冬季施工增加费为例，用软件编制则只需在第一步的基础上选择准一区选项即可，如图 20-21 所示。

然后，设定另外八项费率。

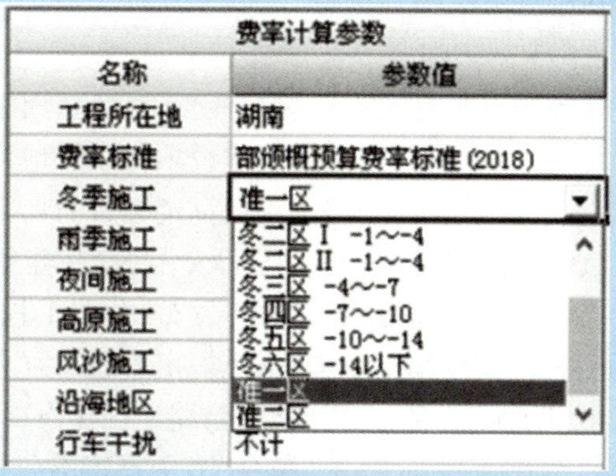

图 20-21

第五步：编制企业管理费。

根据题意，只计基本费用、综合里程和财务费用，结果如图 20-22 所示。

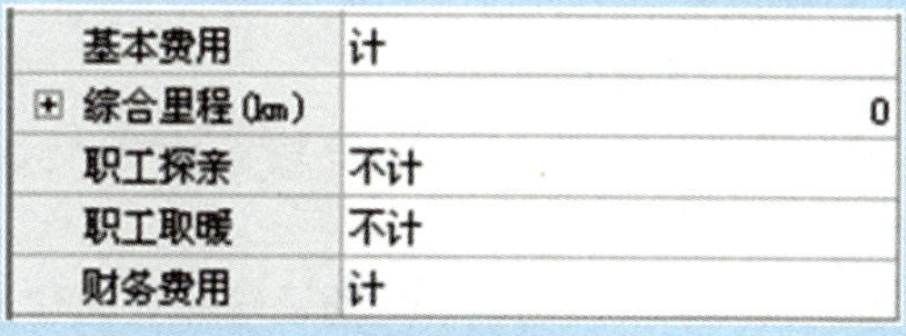

图 20-22

第四步：编制规费。

根据湘交基建〔2019〕74 号文，规费设定结果如图 20-23 所示。

养老保险费：16%。

失业保险费：0.7%。

医疗保险费：8.7%。

住房公积金：2.2%。

工伤保险费：10%。

图 20-23

第五步：利润及税金。

利润及税金不属于其他工程费、规费、企业管理费中的任何一种，如图 20-24 所示。

图 20-24

20.6　概算案例

1. 编制说明

（1）工程概述。

本项目主线全长 13.704 km，按二级公路标准，兼顾城市道路功能，设计荷载公路Ⅰ级。汀兰湖大道段维持现状，长 2.191 km，设计速度 60 km/h。连接线公路段长 15.201 km，采用双向六车道的横断面形式，设计速度 80 km/h，采用双向六车道，路基宽度 37.5 m，路面结构为沥青混凝土结构。

（2）编制依据。

①交通规划勘察设计院有限公司《汀兰湖旅游公路连接线改扩建工程初步设计文件》；

②交通运输部《公路工程建设项目概算预算编制办法》（JTG 3830—2018）；

③交通运输部《公路工程概算定额》（JTG/T 3831—2018）；

④交通运输部《公路工程机械台班费用定额》（JTG/T 3833—2018）；

⑤湖南省交通运输厅《关于发布<公路工程建设项目投资估算编制办法><公路工程建设项目概算预算编制办法>补充规定的通知》（湘交基建〔2019〕74 号）；

⑥交通运输部《关于调整<公路工程建设项目投资估算编制办法>和<公路工程建设项目概算预算编制办法>中“税金”有关规定的公告》（**交通运输部 2019 年第 26 号公告**）；

⑦**纵横 Smartcost 2018 专业版 10.1.3.329**。

（3）建筑安装工程费：

直接费的计算和定额使用：

①人工费：人工工日单价按湖南省交通运输厅**湘交基建〔2019〕74 号**文规定以 103.86 元/日计列。

②材料费：根据湖南省交通运输厅交通建设造价管理站发布的**长沙市 2021 年 12 月及湖南省 2021 年 9 月交通建设工程材料参考价计算**。

③施工机械使用费：施工机械台班预算价格按交通运输部《公路工程机械台班费用定额》（JTG/T 3833—2018）的准计算，并按湖南省现行有关规定计列车船使用税。

④措施费：据编制办法的规定，冬季施工增加费按准一区计列；雨季施工增加费费率按Ⅱ类雨量区、雨季期 6 个月计列；行车干扰按每昼夜 1500 辆计列；工地转移费费率按 50 km 计列；综合里程按 3 km 计列。

⑤企业管理费：基本费用、主副食运费补贴按实计列、职工探亲路费、财务费用都按编制办法费率计列。

⑥规费：**养老保险费按 16%费率计列；失业保险费按 0.7%费率计列；医疗保险费按 8.7%费率计列；住房公积金按 10%费率计列；工伤保险费按 2.2%费率计列。**

⑦利润：按 7.42%计算。

⑧税金：综合税率为 9%。

⑨专项费用：根据《公路工程建设项目概算预算编制办法》计列。

（4）土地使用及拆迁补偿费：按估算标准**50 万/亩**计算征拆费用。

（5）工程建设其他费用：根据编制办法规定和有关合同计列。

（6）预备费：初步设计概算按 5%计列。

（7）本项目造价：

本项目概算**建安费 15487.2052 万元，总造价 23586.3406 万元**。

2. 概算书内容

因预算书篇幅较长，共有 367 页。本书受篇幅所限，只能提供部分表格（表 20-3～表 20-15），完整概算书表格见本单元二维码。

表 20-3 总概算表(01 表)

建设项目名称：Ak0+000~K13+704.182　　编制范围：汀兰湖高速连接线改扩建工程

项	目	节	细目	工程或费用名称	单位	数量	金额/元	技术经济指标	各项费用比例/%	备注
				第一部分 建筑安装工程费	公路公里	13.704	77376710	5646286.49	54.04	
101				临时工程	公路公里	13.704	64696	4720.96	0.05	
	10101			临时道路	km	1.500	19544	13029.33	0.01	
		1010101		临时便道(修建、拆除与维护)	km	1.500	19544	13029.33	0.01	
	10104			临时供电设施	m	400.000	45152	112.88	0.03	
102				路基工程	km	13.704	52253238	3812991.68	36.49	
	LJ01			场地清理	km	13.704	591419	43156.67	0.41	
		LJ0101		清理与掘除	km	13.704	455542	33241.54	0.32	
			LJ010101	清除表土	m^3	18295.000	138318	7.56	0.10	
			LJ010102	伐树、挖根	棵	8423.000	317224	37.66	0.22	
		LJ0102		挖除旧路面	m^3	1202.000	105749	87.98	0.07	
			LJ010201	挖除水泥混凝土路面	m^3	1202.000	105749	87.98	0.07	
		LJ0103		拆除旧建筑物、构筑物	m^3	1149.000	30128	26.22	0.02	
			LJ010303	拆除砖石及其他砌体	m^3	1149.000	30128	26.22	0.02	
	LJ02			路基挖方	m^3	355306.000	5977480	16.82	4.17	
		LJ0201		挖土方	m^3	35419.000	197170	5.57	0.14	
		LJ0202		挖石方	m^3	316171.000	5556415	17.57	3.88	
		LJ03		挖台阶	m^3	1316.000	9524	7.24	0.01	

续表20-3

项	目	节	细目	工程或费用名称	单位	数量	金额/元	技术经济指标	各项费用比例/%	备注
		LJ04		清除石方	m^3	2400.000	117141	48.81	0.08	
		LJ05		平交、顺接、改路挖方	m^3	10490.000	97230	9.27	0.07	
			LJ0501	挖土方	m^3	8392.000	53028	6.32	0.04	
			LJ0502	挖石方	m^3	2098.000	44202	21.07	0.03	
	LJ03			路基填方	m^3	40877.000	170679	4.18	0.12	
		LJ0301		利用土方填筑	m^3	22476.000	72138	3.21	0.05	
		LJ0303		利用石方填筑	m^3	18209.000	86054	4.73	0.06	
		LJ0308		填前夯实	m^3	192.000	4124	21.48		
		LJ0309		平交、顺接、改路填筑	m^3	2381.000	8363	3.51	0.01	
			LJ030901	利用土方填筑	m^3	1905.000	6113	3.21		
			LJ030902	利用石方填筑	m^3	476.000	2250	4.73		
	LJ04			结构物台背回填	m^3	2743.000	337550	123.06	0.24	
		LJ0401		锥坡填土	m^3	694.000	258056	371.84	0.18	
		LJ0402		挡墙墙背回填(石渣)	m^3	2049.000	79494	38.80	0.06	
	LJ05			特殊路基处理	km	2.362	872778	369508.04	0.61	
		LJ0501		软土地区路基处理	km	2.362	872778	369508.04	0.61	
			LJ050103	土工织物	m^2	13830.000	78389	5.67	0.05	
			LJ050110	清淤换填	m^3	13431.000	661158	49.23	0.46	
			LJ050111	强夯	m^2	5626.000	97729	17.37	0.07	

续表20-3

项	目	节	细目	工程或费用名称	单位	数量	金额/元	技术经济指标	各项费用比例/%	备注
			LJ050112	强夯置换	m^2	6264. 000	35502	5. 67	0. 02	
	LJ06			排水工程(坡面排水)	m^3	9739. 100	5817385	597. 32	4. 06	
		LJ0601		边沟	m^3/m	8736. 500/18948. 000	5475027	626. 68/288. 95	3. 82	
			LJ060103	浆砌片块石边沟(主线边沟)	m^3/m	7544. 300/15392. 000	4872089	645. 80/316. 53	3. 40	
			LJ06010301	B 型路堑边沟	m^3/m	3169. 100/9603. 000	2595190	818. 90/270. 25	1. 81	
			LJ06010302	D 型盖板边沟	m^3/m	252. 500/495. 000	318231	1260. 32/642. 89	0. 22	
			LJ06010303	E 型盖板边沟	m^3/m	1339. 100/1783. 000	689103	514. 60/386. 49	0. 48	
			LJ06010304	G 型路堑边沟	m^3/m	1108. 800/2464. 000	484797	437. 23/196. 75	0. 34	
			LJ06010305	H 型盖板边沟	m^3/m	932. 900/1040. 000	447776	479. 98/430. 55	0. 31	
			LJ06010306	交叉排水	m^3	103. 500	46181	446. 19	0. 03	
			LJ06010307	顺接排水	m^3	18. 500	10345	559. 19	0. 01	
			LJ06010308	顺接 Φ50 cm 圆管涵	m	7. 000	1544	220. 57		
			LJ06010309	改路排水	m^3	619. 900	278922	449. 95	0. 19	
			LJ060104	浆砌片块石边沟(支线边沟)	m^3/m	1192. 200/3556. 000	602938	505. 74/169. 56	0. 42	
			LJ06010401	A 型路堑边沟	m^3/m	641. 300/1914. 000	291445	454. 46/152. 27	0. 20	
			LJ06010402	B 型路堤边沟	m^3/m	177. 200/417. 000	70364	397. 09/168. 74	0. 05	
			LJ06010403	C 型盖板边沟	m^3/m	373. 700/1225. 000	241129	645. 25/196. 84	0. 17	
		LJ0602		排水沟	m^3	759. 400	251158	330. 73	0. 18	

续表20-3

项	目	节	细目	工程或费用名称	单位	数量	金额/元	技术经济指标	各项费用比例/%	备注
			LJ060203	浆砌片(块)石排水沟	m^3	512.100	159143	310.77	0.11	
			LJ060204	F 型路堤排水沟	m^3	247.300	92015	372.08	0.06	
		LJ0603		截水沟	m^3	137.800	61410	445.65	0.04	
			LJ060302	浆砌片(块)石截水沟	m^3	137.800	61410	445.65	0.04	
		LJ0604		急流槽	m^3	101.800	28064	275.68	0.02	
			LJ060402	浆砌片石急流槽	m^3	101.800	28064	275.68	0.02	
		LJ0607		沉沙池	m^3	4.100	1726	420.98		
	LJ07			路基防护与加固工程	km	12.352	38485947	3115766.43	26.88	
		LJ0701		一般边坡防护与加固	km	12.352	38485947	3115766.43	26.88	
			LJ0702	植物护坡	m^2	108582.000	611226	5.63	0.43	
			LJ070101	播种草籽	m^2	84313.000	377926	4.48	0.26	
			LJ070102	三维植被网喷播植草	m^2	6319.000	91307	14.45	0.06	
			LJ070103	植爬壁藤	m^2	17950.000	141993	7.91	0.10	
			LJ0703	浆砌片石护坡	m^3	4189.000	1567686	374.24	1.09	
			LJ070301	浆砌骨架护坡	m^3	4189.000	1567686	374.24	1.09	
			LJ0704	挡土墙	m^3	64441.000	31196743	484.11	21.79	
			LJ070401	砌体挡土墙	m^3	19918.000	7000310	351.46	4.89	
			LJ070402	混凝土挡土墙	m^3	44523.000	24196433	543.46	16.90	
			LJ07040201	C20 混凝土	m^3	23036.000	12986439	563.75	9.07	

续表20-3

项	目	节	细目	工程或费用名称	单位	数量	金额/元	技术经济指标	各项费用比例/%	备注
			LJ07040202	C20 片石砼	m^3	21356. 800	11145207	521. 86	7. 78	
			LJ07040203	C25 混凝土	m^3	131. 220	64787	493. 73	0. 05	
			LJ0705	挂网锚喷混凝土防护边坡	m^3	1428. 000	1872682	1311. 40	1. 31	
			LJ070501	喷射混凝土	m^3	1428. 000	840399	588. 51	0. 59	
			LJ070502	14#镀锌网	m^2	1425. 800	92953	65. 19	0. 06	
			LJ070503	锚杆	t	67. 150	939330	13988. 53	0. 66	
			LJ0706	锚杆框架梁护坡	m^3	4672. 300	3237610	692. 94	2. 26	
			LJ070601	混凝土	m^3	4672. 300	2123165	454. 42	1. 48	
			LJ070602	钢筋	t	100. 280	212801	2122. 07	0. 15	
			LJ070603	锚杆	m	57. 880	815776	14094. 26	0. 57	
			LJ070604	M7. 5 浆砌片石护坡	m^3	298. 800	85868	287. 38	0. 06	
103				路面工程	m^2	113843. 000	10993294	96. 57	7. 68	
	LM01			沥青混凝土路面	m^2	113843. 000	7100437	62. 37	4. 96	
		LM0101		路面垫层	m^2	113755. 000	793548	6. 98	0. 55	
			LM010101	碎石垫层	m^2	113755. 000	793548	6. 98	0. 55	
		LM0102		路面底基层	m^2	113843. 000	1479423	13. 00	1. 03	
			LM010202	水泥稳定类底基层	m^2	113843. 000	1479423	13. 00	1. 03	
		LM0103		路面基层	m^2	119544. 000	1972608	16. 50	1. 38	
			LM010302	水泥稳定类基层	m^2	119544. 000	1972608	16. 50	1. 38	

续表20-3

项	目	节	细目	工程或费用名称	单位	数量	金额/元	技术经济指标	各项费用比例/%	备注
		LM0104		透层、黏层、封层	m^2	113843.000	716496	6.29	0.50	
			LM010401	透层	m^2	113843.000	87518	0.77	0.06	
			LM010402	黏层	m^2	113843.000	25050	0.22	0.02	
			LM10403	封层	m^2	113843.000	603928	5.30	0.42	
			LM010405	稀浆封层	m^2	113843.000	339056	2.98	0.24	
			LM010409	桥面 FYT-1 防水层	m^2	600.000	2032	3.39		
			LM010410	应力吸收层	m^2	112571.000	262840	2.33	0.18	
		LM0105		沥青混凝土面层	m^2	10300.000	2138362	207.61	1.49	
			LM010502	中粒式沥青混凝土面层	m^2	10300.000	2138362	207.61	1.49	
	LM02			水泥混凝土路面	m^2	24050.000	707688	29.43	0.49	
		LM0205		水泥混凝土面层	m^2	24050.000	707688	29.43	0.49	
			LM020501	水泥混凝土	m^2	24050.000	698607	29.05	0.49	
			LM02050101	厚 20 cm	m^2	23990.000	695862	29.01	0.49	
			LM02050102	厚 36 cm	m^2	60.000	2745	45.75		
			LM020502	钢筋	t	7.303	9081	1243.46	0.01	
			LM02050201	光圆钢筋	t	1.075	1386	1289.30		
			LM02050202	带肋钢筋	t	6.228	7695	1235.55	0.01	
	LM04			路槽、路肩及中央分隔带	m^2	13.304	2451265	184250.23	1.71	
		LM0402		路肩	m^3	20114.760	2066989	102.76	1.44	

续表20-3

项	目	节	细目	工程或费用名称	单位	数量	金额/元	技术经济指标	各项费用比例/%	备注
			LM040202	土路肩加固	m^3	20114. 760	2066989	102. 76	1. 44	
			LM04020201	现浇混凝土	m^3	7294. 760	2013407	276. 01	1. 41	
			LM0402020101	C20 混凝土	m^3	7012. 000	1935169	275. 98	1. 35	
			LM0402020102	C35 混凝土	m^3	282. 760	78238	276. 69	0. 05	
			LM04020204	路肩培土	m^3	1282. 000	53582	41. 80	0. 04	
		LM0403		中间带	m^3	552. 800	384276	695. 14	0. 27	
			LM040302	路缘石	m^3	552. 800	384276	695. 14	0. 27	
			LM04030201	C30	m^3	546. 000	379551	695. 15	0. 27	
			LM04030202	C20	m^3	6. 800	4725	694. 85		
	LM05			路面排水	m	4450. 000	510061	114. 62	0. 36	
		LM0504		排水管	m	4450. 000	510061	114. 62	0. 36	
			LM050401	纵向排水管	m	4450. 000	510061	114. 62	0. 36	
	LM06			景观步道	m	400. 000	223843	559. 61	0. 16	
104				桥梁涵洞工程	m	71. 000	5557561	78275. 51	3. 88	
	10401			涵洞工程	m/道	168. 500/12. 000	371659	2205. 69/30971. 58	0. 26	
		HD01		管涵	m/道	168. 500/12. 000	371659	2205. 69/30971. 58	0. 26	
			HD0101	1－Φ1. 5 钢筋混凝土圆管涵	m/道	168. 500/12. 000	371659	2205. 69/30971. 58	0. 26	
	10403			汀兰大道中桥工程	m/座	71. 000/1. 000	5185902	73040. 87/5185902. 00	3. 62	
		1040305		预制 T 梁桥	m	71. 000	5185902	73040. 87	3. 62	

续表20-3

项	目	节	细目	工程或费用名称	单位	数量	金额/元	技术经济指标	各项费用比例/%	备注
			QL01	基础工程	m^3	396. 500	349979	882. 67	0. 24	
			QL0102	桩基础	m^3	396. 500	349979	882. 67	0. 24	
			QL010201	灌注桩基础	m^3	396. 500	349979	882. 67	0. 24	
			QL01020101	钻孔灌注桩	m^3	113. 000	257577	2279. 44	0. 18	
			QL01020101	钻孔灌注桩钻孔	m	64. 000	187118	2923. 72	0. 13	
			QL01020102	钻孔钻孔桩钢筋	t	9. 269	12466	1344. 91	0. 01	
			QL0102010201	HPB300	t	1. 011	1369	1354. 10		
			QL0102010202	HRB400	t	8. 258	11097	1343. 79	0. 01	
			QL01020103	钻孔灌注桩混凝土	m^3	113. 000	57993	513. 21	0. 04	
			QL0204	桩系梁系梁	m^3	283. 500	92402	325. 93	0. 06	
			QL010601	钢筋	t	2. 081	3545	1703. 51		
			QL01060101	HPB300	t	0. 577	988	1712. 31		
			QL01060102	HRB400	t	1. 504	2557	1700. 13		
			QL010602	混凝土	m^3	283. 500	88857	313. 43	0. 06	
			QL02	下部构造	m^3	444. 700	340197	765. 00	0. 24	
			QL0201	桥台	m^3	330. 700	241156	729. 23	0. 17	
			QL020101	桥台	m^3	330. 700	228590	691. 23	0. 16	
			QL02010101	钢筋	t	2. 766	6030	2180. 04		
			QL0201010101	HPB300	t	2. 766	6030	2180. 04		

续表20-3

项	目	节	细目	工程或费用名称	单位	数量	金额/元	技术经济指标	各项费用比例/%	备注
			QL02010102	混凝土	m^3	330.700	175597	530.99	0.12	
			QL02010103	基坑开挖	m^3	1536.000	46963	30.57	0.03	
			QL020102	台帽	m^3	23.000	12566	546.35	0.01	
			QL02010201	钢筋	t	3.557	5010	1408.49		
			QL0201020101	HPB300	t	0.325	460	1415.38		
			QL0201020102	HRB400	t	3.232	4550	1407.80		
			QL02010202	混凝土	m^3	23.000	7556	328.52	0.01	
			QL0202	桥墩	m^3	114.000	93234	817.84	0.07	
			QL020201	桥墩钢筋	t	10.764	23360	2170.20	0.02	
			QL02020101	HPB300	t	1.068	2328	2179.78		
			QL02020102	HRB400	t	9.696	21032	2169.14	0.01	
			QL020202	桥墩混凝土	m^3	89.800	48158	536.28	0.03	
			QL020203	墩帽钢筋	t	9.778	13767	1407.96	0.01	
			QL02020301	HPB300	t	0.068	97	1426.47		
			QL02020302	HRB400	t	9.710	13670	1407.83	0.01	
			QL020204	墩帽混凝土	m^3	24.200	7949	328.47	0.01	
			QL0203	索塔	t	2.986	5807	1944.74		
			QL020301	HPB300	t	1.278	2488	1946.79		
			QL20302	HRB400	t	1.708	3319	1943.21		

续表20-3

项	目	节	细目	工程或费用名称	单位	数量	金额/元	技术经济指标	各项费用比例/%	备注
			QL03	上部构造	m^2	272. 600	489200	1794. 57	0. 34	
			QL0305	预应力混凝土 T 梁	m^3	272. 600	489200	1794. 57	0. 34	
			QL030501	钢筋	t	66. 436	128310	1931. 33	0. 09	
			QL03050101	HPB300	t	2. 955	5054	1710. 32		
			QL03050102	HRB400	t	63. 481	123256	1941. 62	0. 09	
			QL030502	混凝土	m^3	272. 600	321349	1178. 83	0. 22	
			QL030503	预应力钢绞线(后张法)	t	7. 383	39541	5355. 68	0. 03	
			QL04	桥面铺装	m^2	617. 700	94457	152. 92	0. 07	
			QL0401	沥青混凝土铺装	m^3	88. 000	91027	1034. 40	0. 06	
			QL040101	钢筋	t	14. 732	30170	2047. 92	0. 02	
			QL04010101	HPB300	t	7. 569	15550	2054. 43	0. 01	
			QL04010102	HRB400	t	7. 153	14620	2043. 90	0. 01	
			QL040102	沥青混凝土	m^3	88. 000	60857	691. 56	0. 04	
			QL0403	桥面排水	m	60. 000	3430	57. 17		
			QL05	桥梁附属结构	m	71. 000	22318	314. 34	0. 02	
			QL0501	桥梁支座	个	12. 000	5944	495. 33		
			QL050101	板式橡胶支座	dm^3	167. 340	5944	35. 52		
			QL0502	伸缩缝	m	18. 200	16374	899. 67	0. 01	
			QL050201	模数式伸缩缝	m	18. 200	16374	899. 67	0. 01	
			QL06	其他工程	m	14243. 360	3889751	273. 09	2. 72	

续表20-3

项	目	节	细目	工程或费用名称	单位	数量	金额/元	技术经济指标	各项费用比例/%	备注
			QL0601	桥头搭板	m^3	48.600	35029	720.76	0.02	
			QL060101	钢筋	t	8.962	14529	1621.18	0.01	
			QL06010102	HRB400	t	8.962	14529	1621.18	0.01	
			QL060102	混凝土	m^3	48.600	20500	421.81	0.01	
			QL0602	索塔	t	2.986	5807	1944.74		
			QL060201	HPB300	t	1.278	2488	1946.79		
			QL060202	HRB400	t	1.708	3319	1943.21		
			QL0603	护坡	m^3	95.000	36130	380.32	0.03	
			QL0604	锥坡	m^3	14195.360	3812785	268.59	2.66	
107				交通工程及沿线设施	公路公里	13.704	2873536	209685.93	2.01	
	10701			交通安全设施	公路公里	13.704	2873536	209685.93	2.01	
		JA01		护栏	m^3	400.610	945831	2360.98	0.66	
			JA0102	现浇钢筋混凝土防撞护栏	m^3	400.610	283347	707.29	0.20	
			JA010201	现浇钢筋混凝土防撞护栏墙体混凝土	m^3	400.610	277895	693.68	0.19	
			JA010202	钢筋	t	2.726	5452	2000.00		
			JA01020201	HPB300	t	2.726	5452	2000.00		
			JA0105	钢护栏	m	8770.000	662484	75.54	0.46	
			JA010501	波形钢板护栏	m	8770.000	662484	75.54	0.46	
			JA01050101	路侧波形梁钢护栏	m	8770.000	536263	61.15	0.37	

续表20-3

项	目	节	细目	工程或费用名称	单位	数量	金额/元	技术经济指标	各项费用比例/%	备注
			JA0105010101	Gr-A-4E(扣端头)	m	5384.000	264236	49.08	0.18	
			JA0105010102	Gr-A-2E(扣端头)	m	3386.000	272027	80.34	0.19	
			JA01050102	波形梁钢护栏端头	处	122.000	126221	1034.60	0.09	
			JA0105010201	AT1	处	48.000	60220	1254.58	0.04	
			JA0105010202	AT2	处	58.000	43447	749.09	0.03	
			JA0105010203	翼墙	处	16.000	22554	1409.63	0.02	
		JA03		标志牌	块	523.000	1727386	3302.84	1.21	
			JA0301	铝合金标志牌	块	72.000	240710	3343.19	0.17	
			JA030101	单柱式铝合金标志牌	块	53.000	73785	1392.17	0.05	
			JA030103	单悬臂铝合金标志牌	块	19.000	166925	8785.53	0.12	
			JA0302	钢板标志牌	块	3.000	3570	1190.00		
			JA030201	单柱式钢板标志牌	块	3.000	3570	1190.00		
			JA0303	可变信息标志牌	块	163.000	1158767	7109.00	0.81	
			JA0304	现行诱导标	块	285.000	324339	1138.03	0.23	
			JA030401	基础位于混凝土护栏	块	117.000	130528	1115.62	0.09	
			JA030402	基础位于路基	块	168.000	193811	1153.64	0.14	
		JA04		标线	m^2	6900.900	186669	27.05	0.13	
			JA0401	路面标线	m^2	6900.900	177154	25.67	0.12	
			JA040101	热熔标线	m^2	6900.900	177154	25.67	0.12	
			JA0403	减速带	m	64.400	9515	147.75	0.01	

续表20-3

项	目	节	细目	工程或费用名称	单位	数量	金额/元	技术经济指标	各项费用比例/%	备注
		JA05		里程牌、百米桩、界碑	个	273.000	8681	31.80	0.01	
			JA0501	混凝土里程牌、百米桩、界碑	个	273.000	8681	31.80	0.01	
			JA050101	混凝土里程牌	个	13.000	1015	78.08		
			JA050102	混凝土百米桩	个	124.000	981	7.91		
			JA050103	混凝土界碑	个	136.000	6685	49.15		
		JA06		轮廓标	个	1242.000	2091	1.68		
			JA0603	栏式轮廓标	个	1242.000	2091	1.68		
		JA08		中间带及车道分离块	m^2	19.500	2878	147.59		
			JA0802	隔离墩(道口桩)	m^2	19.500	2878	147.59		
108				绿化及环境保护工程	公路公里	13.704	334476	24407.18	0.23	
	10801			主线绿化及环境保护工程	km	7.643	334476	43762.40	0.23	
		LH01		边坡绿化工程	m^2	36266.000	270172	7.45	0.19	
			LH0101	播种草籽	m^2	36266.000	270172	7.45	0.19	
		LH03		种植乔木	株	28.000	834	29.79		
				银杏树		28.000	834	29.79		
		LH04		种植灌木	株	2519.000	63470	25.20	0.04	
				红叶石楠球		2519.000	63470	25.20	0.04	
109				其他工程	公路公里	13.704				
110				专项费用	元		5299909		3.70	

续表20-3

项	目	节	细目	工程或费用名称	单位	数量	金额/元	技术经济指标	各项费用比例/%	备注
	11001			施工场地建设费	元		3046218		2. 13	3046218
	11002			安全生产费	元		2253691		75123019 × 3%	
				第二部分 土地使用及拆迁补偿费	公路公里	13. 704	49128300	3584960. 60	34. 31	
201				土地使用费	亩		44540000		31. 11	
	20101			永久征用土地(暂估价)	亩	63. 710	31855000	500000. 00	63. 71 × 500000	
	20102			临时用地(租用)	亩	126. 850	12685000	100000. 00	126. 85 × 100000	
203				其他补偿费	公路公里	13. 704	4588300	334814. 65	3. 20	
	20301			管线拆除	公里	13. 704	274080	20000. 00	13. 704 × 20000	
	20302			国防光缆	m	8783. 000	2459240	280. 00	8783 × 280	
	20303			架空 10KV 电力线	m	5293. 000	1376180	260. 00	5293 × 260	
	20304			10KV 电力线	m	2394. 000	478800	200. 00	2394 × 200	
				第三部分 工程建设其他费	公路公里	13. 704	9859939	719493. 51	6. 89	
301				建设项目管理费	公路公里	13. 704	6835914	498826. 18	4. 77	
	30101			建设单位(业主)管理费	公路公里	13. 704	3512152	256286. 63	3512152	
	30102			建设项目信息化费	公路公里	13. 704	406044	29629. 60	0. 28	406044
	30103			工程监理费	公路公里	13. 704	2588642	188896. 82	1. 81	2588642
	30104			设计文件审查费	公路公里	13. 704	93268	6805. 90	0. 07	93268
	30105			竣(交)工验收试验检测费	公路公里	13. 704	235808	17207. 24	0. 16	
		3010501		道路			232968		13. 704 km × 17000	

续表20-3

项	目	节	细目	工程或费用名称	单位	数量	金额/元	技术经济指标	各项费用比例/%	备注
		3010502		桥梁			2840		71 m × 40	
303				建设项目前期工作费	公路公里	13.704	2263155	165145.58	1.58	
	30301			工程可行性研究勘察设计费			80000		0.06	80000
	30302			桩基承载力试验等各项研究专题费用			30000		0.02	30000
	30303			初步设计勘察设计费			920463		0.64	920463
	30304			施工图设计勘察设计费			1142692		0.80	1142692
	30305			设计监理施工等招标文件编制费			90000		0.06	90000
304				专项评价(估)费			187000		0.13	
	30401			环境影响评价费			15000		0.01	15000
	30402			水土保持评估费			12000		0.01	12000
	30403			地质灾害危险性评价费			13000		0.01	13000
	30404			压覆重要矿床评估费			26000		0.02	26000
	30405			文物勘察费			28000		0.02	28000
	30406			使用林地可行性研究报告编制费			30000		0.02	30000
	30407			社会风险评估费			18000		0.01	18000
	30408			线路选址论证报告			13000		0.01	13000
	90409			土规调整评估合同			12000		0.01	12000

续表20-3

项	目	节	细目	工程或费用名称	单位	数量	金额/元	技术经济指标	各项费用比例/%	备注
	30410			控规调整及乡镇总规报告编制费			20000		0.01	20000
305				联合试运转费	公路公里	13.704	50880	3712.78	127200093 × 0.04%	
306				生产准备费	公路公里	13.704	103483	7551.30	0.07	
	30602			办公和生活用家具购置费	公路公里	13.704	79483	5799.99	0.06	
	30603			生产人员培训费	公路公里	13.704	24000	1751.31	0.02	
307				工程保通管理费	公路公里	13.704	30000	2189.14	0.02	
	30701			保通便道管理费	km	1.500	30000	20000.00	0.02	
308				工程保险费	公路公里	13.704	309507	22585.16	0.22	
309				其他相关费用	公路公里	13.704	80000	5837.71	0.06	
	30901			交通组织协调费	公路公里	13.704	80000	5837.71	0.06	
				第四部分 预备费	公路公里	13.704	6818247	497537.00	4.76	
401				基本预备费	公路公里	13.704	6818247	497537.00	4.76	
402				价差预备费	公路公里	13.704				
				第一至四部分合计	公路公里	13.704	143183196	10448277.58	100.00	
				建设期贷款利息	公路公里	13.704		贷款总额：126304823 元(其中×××银行贷款额 126304823 元，计息年 0 年)		
				新增加费用项目	元					
				＊请在此输入费用项目						
				公路基本造价	公路公里	13.704	143183196	10448277.58	100.00	

表 20-4 人工、主要材料、施工机械台班数量汇总表(02 表)

建设项目名称：Ak0+000~K13+704.182　　编制范围：汀兰湖高速连接线改扩建工程

代号	规格名称	单位	单价/元	总数量	分项统计						辅助生产	场外运输损耗	
					临时工程	路基工程	路面工程	桥梁涵洞工程	交通工程及沿线设施	绿化及环境保护工程		%	数量
1001001	人工	工日	103.86	218747.764	57.200	179391.169	13944.504	19892.957	4366.124	1095.811			
1051001	机械工	工日	103.86	18352.391	33.060	13048.585	3255.602	1242.397	732.721	40.023			
2001001	HPB300 钢筋	t	20.96	133.358		33.009	3.763	26.413	70.173				
2001002	HRB400 钢筋	t	20.96	430.826		304.333	4.426	114.476	7.591				
2001008	钢绞线	t	20.96	7.678				7.678					
2001019	钢丝绳	t	21.23	2.194				0.423	1.772				
2001020	钢纤维	t	21.23	0.015				0.015					
2001021	8~12 号铁丝	kg	0.02	20238.973	16.800	14441.345		5780.829					
2001022	20~22 号铁丝	kg	0.02	1653.659		923.398	9.842	359.555	360.864				
2001026	铁丝编织网	m^2	0.07	16255.546		16255.546							
2003004	型钢	t	20.96	23.178	0.060	10.600	6.291	5.902	0.325				
2003005	钢板	t	20.96	8.643	0.200		0.055	3.692	4.695				
2003008	钢管	t	20.96	12.260		2.080		1.132	9.048				
2003012	镀锌钢板	t	20.96	0.099					0.099				
2003015	钢管立柱	t	20.89	257.326					257.326				
2003017	波形钢板	t	20.89	223.660					223.659				
2003022	钢护筒	t	20.96	0.347		0.347							
2003025	钢模板	t	20.89	13.663		1.287		10.196	2.180				
2003026	组合钢模板	t	20.89	102.130		101.473		0.089	0.567				

续表20-4

代号	规格名称	单位	单价/元	总数量	分项统计						辅助生产	场外运输损耗	
					临时工程	路基工程	路面工程	桥梁涵洞工程	交通工程及沿线设施	绿化及环境保护工程		%	数量
6007004	反光膜	m^2	0.01	1971.141					1971.141				
6007010	震动标线涂料	kg	0.02	21564.343					21564.343				
6007013	橡胶减速带	m	68.38	64.400					64.400				
7001009	120/20 聚乙烯绝缘电力电缆	m	14.02	1260.000	1260.000								
7801001	其他材料费	元	1.00	465049.	631.200	322668.431	88430.921	15596.390	21118.504	16604.389			
7901001	设备摊销费	元	1.00	81200.520	14791.60	1070.410	30579.766	27812.946	6945.798				
A000001	青石板	块	125.00	618.000			618.000						
A000002	木质步道	项	1465930	1.000			1.000						
A000003	凸面镜	块	285.00	3.000					3.000				
A00004	LED 悬臂式双色可变情报板	块	7000.00	163.000					163.000				
8001002	75 kW 以内履带式推土机	台班	471.49	51.704	13.890	28.483		9.225	0.106				
8001003	90 kW 以内履带式推土机	台班	556.92	17.427		17.427							
8001004	105 kW 以内履带式推土机	台班	607.29	26.159		26.159							

续表20-4

代号	规格名称	单位	单价/元	总数量	分项统计						辅助生产	场外运输损耗	
					临时工程	路基工程	路面工程	桥梁涵洞工程	交通工程及沿线设施	绿化及环境保护工程		%	数量
8001006	135 kW 以内履带式推土机	台班	868.14	21.954		21.954							
8001025	0.6 m^3 以内履带式液压单斗挖掘机	台班	549.73	235.021		228.381		6.640					
8001027	1.0 m^3 以内履带式液压单斗挖掘机	台班	634.34	182.293		182.293							
8001030	2.0 m^3 以内履带式液压单斗挖掘机	台班	814.27	16.846		16.846							
8001035	1.0 m^3 以内履带式机械单斗挖掘机	台班	567.35	311.564		267.092		44.472					
8001045	1.0 m^3 以内轮胎式装载机	台班	219.00	524.499		284.444	94.840	145.216					
8001047	2.0 m^3 以内轮胎式装载机	台班	294.10	275.654			274.741	0.913					

表 20-5　建筑安装工程费计算表(03 表)

建设项目名称：Ak0+000~K13+704.182　编制范围：汀兰湖高速连接线改扩建工程

序号	分项编号	工程名称	单位	工程量	定额直接费/元	直接费/元				措施费	企业管理费	规费	利润/元	税金/元	金额合计/元	
						人工费	材料费	施工机械使用费	合计				费率 7.42%	税率 9%	合计	单价
1	2	3	4	5	6	8	9	10	11	13	14	15	16	17	18	19
1	101	临时工程	公路公里	13.704											64696	4720.96
2	10101	临时道路	km	1.500											19544	13029.33
3	1010101	临时便道	km	1.500	19036	3988		7929	11917	1103	582	2791	1537	1614	19544	13029.33
4	10104	临时供电设施	m	400.000	39456	1953	33344		35297	543	1752	734	3098	3728	45152	112.88
5	102	路基工程	km	13.704											52253238	3812991.68
6	LJ01	场地清理	km	13.704											591419	43156.67
7	LJ0101	清理与掘除	km	13.704											455542	33241.54
8	LJ010101	清除表土	m^3	18295.000	182991	7600		79166	86766	10329	4434	10695	14673	11421	138318	7.56
9	LJ010102	伐树、挖根	棵	8423.000	222747	148718		44823	193541	10360	9892	59207	18031	26193	317224	37.66
10	LJ0102	挖除旧路面	m^3	1202.000											105749	87.98
11	LJ010201	挖除水泥混凝土路面	m^3	1202.000	83444	33707		29403	63110	4785	2447	19946	6729	8732	105749	87.98
12	LJ0103	拆除旧建筑物、构筑物	m^3	1149.000											30128	26.22
13	LJ010303	拆除砖石及其他砌体	m^3	1149.000	35724	2387		16475	18862	1745	1332	2823	2879	2487	30128	26.22
14	LJ02	路基挖方	m^3	355306.000											5977480	16.82

表 20-6　综合费率计算表(04 表)

建设项目名称：Ak0+000~K13+704.182　　编制范围：汀兰湖高速连接线改扩建工程

序号	工程类别	措施费/%								企业管理费/%					规费/%					
		冬季施工增加费	雨季施工增加费	夜间施工增加费	行车干扰施工增加费	施工辅助费	工地转移费	综合费率		基本费用	主副食运费补贴	职工探亲路费	财务费用	综合费率	养老保险费	失业保险费	医疗保险费	工伤保险费	住房公积金	综合费率
								Ⅰ	Ⅱ											
1	2	3	4	5	9	10	11	12	13	14	15	16	18	19	20	21	22	23	24	25
1	土方		1.114		4.118	0.521	0.224	5.456	0.521	2.747	0.122	0.192	0.271	3.332	16	0.7	8.7	10.0	2.2	37.6
2	石方		1.018		3.479	0.470	0.176	4.673	0.470	2.792	0.108	0.204	0.259	3.363	16	0.7	8.7	10.0	2.2	37.6
3	运输		1.136		4.001	0.154	0.157	5.294	0.154	1.374	0.118	0.132	0.264	1.888	16	0.7	8.7	10.0	2.2	37.6
4	路面	0.073	1.093		3.487	0.818	0.321	4.974	0.818	2.427	0.066	0.159	0.404	3.056	16	0.7	8.7	10.0	2.2	37.6
5	隧道					1.195	0.257	0.257	1.195	3.569	0.096	0.266	0.513	4.444	16	0.7	8.7	10.0	2.2	37.6
6	构造物Ⅰ	0.115	0.753		2.320	1.201	0.262	3.450	1.201	3.587	0.114	0.274	0.466	4.441	16	0.7	8.7	10.0	2.2	37.6
7	构造物Ⅰ(不计冬)		0.753		2.320	1.201	0.262	3.335	1.201	3.587	0.114	0.274	0.466	4.441	16	0.7	8.7	10.0	2.2	37.6
8	构造物Ⅱ	0.165	0.883	0.903	2.512	1.537	0.333	4.796	1.537	4.726	0.126	0.348	0.545	5.745	16	0.7	8.7	10.0	2.2	37.6
9	构造物Ⅲ(桥梁)	0.292	1.730	1.702	2.365	2.729	0.622	6.711	2.729	5.976	0.225	0.551	1.094	7.846	16	0.7	8.7	10.0	2.2	37.6
10	构造物Ⅲ (除桥以外不计雨夜)	0.292			2.365	2.729	0.622	3.279	2.729	5.976	0.225	0.551	1.094	7.846	16	0.7	8.7	10.0	2.2	37.6
11	技术复杂大桥	0.170	1.052	0.928		1.677	0.389	2.539	1.677	4.143	0.101	0.208	0.637	5.089	16	0.7	8.7	10.0	2.2	37.6
12	钢材及钢结构(桥梁)			0.874		0.564	0.351	1.225	0.564	2.242	0.104	0.164	0.653	3.163	16	0.7	8.7	10.0	2.2	37.6

表 20-7　专项费用计算表(06 表)

建设项目名称：Ak0+000～K13+704. 182　　编制范围：汀兰湖高速连接线改扩建工程

序号	工程或费用名称	说明及计算式	金额/元	备注
11001	施工场地建设费	{施工场地建设费}	3046218	3046218
11002	安全生产费	{建安费(安全生产费专用，含施工场地建设费)}×3%	2253691	75123019×3%

表 20-8　土地使用及拆迁补偿费计算表(07 表)

建设项目名称：Ak0+000~K13+704. 182　　编制范围：汀兰湖高速连接线改扩建工程

序号	费用名称	单位	数量	单价/元	金额/元	说明及计算式	备注
201	土地使用费	亩			44540000		
20101	永久征用土地(暂估价)	亩	63. 710	500000. 00	31855000	63. 71×500000	63. 71×500000
20102	临时用地(租用)	亩	126. 850	100000. 00	12685000	126. 85×100000	126. 85×100000
203	其他补偿费	公路公里	13. 704	334814. 65	4588300		
20301	管线拆除	公里	13. 704	20000. 00	274080	13. 704×20000	13. 704×20000
20302	国防光缆	m	8783. 000	280. 00	2459240	8783×280	8783×280
20303	架空 10KV 电力线	m	5293. 000	260. 00	1376180	5293×260	5293×260
20304	10KV 电力线	m	2394. 000	200. 00	478800	2394×200	2394×200

表 20-9　工程建设其他费计算表(08 表)

建设项目名称：Ak0+000～K13+704.182　　编制范围：汀兰湖高速连接线改扩建工程

序号	费用名称及项目	说明及计算式	金额/元	备注
3	第三部分 工程建设其他费		9859939	
301	建设项目管理费		6835914	
30101	建设单位(业主)管理费		3512152	3512152
30102	建设项目信息化费		406044	406044
30103	工程监理费		2588642	2588642
30104	设计文件审查费		93268	93268
30105	竣(交)工验收试验检测费		235808	
3010501	道路	13.704×17000	232968	13.704 km×17000
3010502	桥梁	71×40	2840	71 m×40
303	建设项目前期工作费		2263155	
30301	工程可行性研究勘察设计费		80000	80000
30302	桩基承载力试验等各项研究专题费用		30000	30000
30303	初步设计勘察设计费		920463	920463
30304	施工图设计勘察设计费		1142692	1142692
30305	设计监理施工等招标文件编制费		90000	90000
304	专项评价(估)费		187000	
30401	环境影响评价费		15000	15000
30402	水土保持评估费		12000	12000
30403	地质灾害危险性评价费		13000	13000
30404	压覆重要矿床评估费		26000	26000

续表20-9

序号	费用名称及项目	说明及计算式	金额/元	备注
30405	文物勘察费		28000	28000
30406	使用林地可行性研究报告编制费		30000	30000
30407	社会风险评估费		18000	18000
30408	线路选址论证报告		13000	13000
90409	土规调整评估合同		12000	12000
30410	控规调整及乡镇总规报告编制费		20000	20000
305	联合试运转费	{定额建安费}×0.04%	50880	127200093×0.04%
306	生产准备费		103483	
30602	办公和生活用家具购置费	13.704×5800	79483	13.704×5800
30603	生产人员培训费	8×3000	24000	8×3000
307	工程保通管理费		30000	
30701	保通便道管理费	1.5×20000	30000	1.5×20000
308	工程保险费	{建安费(不含设备费)}×0.4%	309507	77376710×0.4%
309	其他相关费用		80000	
30901	交通组织协调费	1×80000	80000	1×80000
401	基本预备费	{一、二、三部分合计}×5%	6818247	136364949×5%
402	价差预备费	{价差预备费}		
6	建设期贷款利息	贷款总额：126304823 元(其中×××银行贷款额 126304823 元，计息年 0 年)		

表 20-10　人工、材料、施工机械台班单价汇总表(09 表)

建设项目名称：Ak0+000～K13+704.182　　编制范围：汀兰湖高速连接线改扩建工程

序号	名称	单位	代号	预算单价/元	备注	序号	名称	单位	代号	预算单价/元	备注
1	人工	工日	1001001	103.86		21	铸铁	kg	2003040	0.02	
2	机械工	工日	1051001	103.86		22	空心钢钎	kg	2009003	0.02	
3	HPB300 钢筋	t	2001001	20.96		23	Φ50 mm 以内合金钻头	个	2009004	0.02	
4	HRB400 钢筋	t	2001002	20.96		24	Φ150 mm 以内合金钻头	个	2009005	0.10	
5	钢绞线	t	2001008	20.96		25	电焊条	kg	2009011	0.02	
6	钢丝绳	t	2001019	21.23		26	钢筋连接套筒	个	2009012	0.03	
7	钢纤维	t	2001020	21.23		27	螺栓	kg	2009013	0.02	
8	8～12 号铁丝	kg	2001021	0.02		28	铁件	kg	2009028	0.02	
9	20～22 号铁丝	kg	2001022	0.02		29	镀锌铁件	kg	2009029	0.02	
10	铁丝编织网	m^2	2001026	0.07		30	铁钉	kg	2009030	0.02	
11	型钢	t	2003004	20.96		31	铸铁管	kg	2009033	0.02	
12	钢板	t	2003005	20.96		32	U 形锚钉	kg	2009034	0.02	
13	钢管	t	2003008	20.96		33	石油沥青	t	3001001	21.23	
14	镀锌钢板	t	2003012	20.96		34	橡胶沥青	t	3001004	21.23	
15	钢管立柱	t	2003015	20.89		35	乳化沥青	t	3001005	21.23	
16	波形钢板	t	2003017	20.89		36	重油	kg	3003001	0.02	
17	钢护筒	t	2003022	20.96		37	汽油	kg	3003002	0.02	
18	钢模板	t	2003025	20.89		38	柴油	kg	3003003	0.02	
19	组合钢模板	t	2003026	20.89		39	煤	t	3005001	21.69	
20	安全爬梯	t	2003028	20.89		40	电	kW·h	3005002	0.85	

续表20-10

序号	名称	单位	代号	预算单价/元	备注	序号	名称	单位	代号	预算单价/元	备注
41	水	m^3	3005004	21.23		61	种植土	m^3	5501007	19.87	
42	原木	m^3	4003001	15.92		62	熟石灰	t	5503003	14.19	
43	锯材	m^3	4003002	13.80		63	砂	m^3	5503004	21.18	
44	乔木	株	4009001	0.35		64	中(粗)砂	m^3	5503005	21.18	
45	灌木	株	4011002	0.08		65	砂砾	m^3	5503007	23.66	
46	草籽	kg	4013001	0.01		66	石渣	m^3	5503012	20.87	
47	三维植被网	m2	5001009	0.01		67	矿粉	t	5503013	14.19	
48	PVC 塑料管(Φ50 mm)	m	5001013	0.02		68	石屑	m^3	5503014	20.87	
49	塑料波纹管 SBG-60Y	m	5001036	5.13		69	路面用石屑	m^3	5503015	20.87	
50	压浆料	t	5003003	21.23		70	片石	m^3	5505005	22.05	
51	硝铵炸药	kg	5005002	0.03		71	碎石(2 cm)	m^3	5505012	20.87	
52	非电毫秒雷管	个	5005008	3.16		72	碎石(4 cm)	m^3	5505013	20.87	
53	导爆索	m	5005009	2.05		73	碎石(8 cm)	m^3	5505015	20.87	
54	土工格栅	m2	5007003	0.01		74	碎石	m^3	5505016	20.87	
55	油漆	kg	5009002	0.02		75	路面用碎石(1.5 cm)	m^3	5505017	20.87	
56	桥面防水涂料	kg	5009005	0.02		76	路面用碎石(2.5 cm)	m^3	5505018	20.87	
57	底油	kg	5009007	0.02		77	42.5 级水泥	t	5509002	14.06	
58	热熔涂料	kg	5009008	0.02		78	52.5 级水泥	t	5509003	14.06	
59	黏土	m^3	5501003	19.87		79	钢筋混凝土电杆(7 m)	根	5511002	20.80	
60	碎石土	m^3	5501005	22.00		80	φ200mm 以内混凝土排水管	m	5511004	36.19	

表 20-11　分项工程概算计算数据表(21-1 表)

建设项目名称：Ak0+000~K13+704. 182　　编制范围：汀兰湖高速连接线改扩建工程

分项编号/定额代号/工料机代号	项目、定额或工料机的名称	单位	数量	输入单价	输入金额	分项组价类型或定额子目取费类别	定额调整情况或分项算式
1	第一部分 建筑安装工程费	公路公里	13. 704	5646286. 49	77376710. 00		
101	临时工程	公路公里	13. 704	4720. 96	64696. 00		
10101	临时道路	km	1. 500	13029. 33	19544. 00		
1010101	临时便道(修建、拆除与维护)	km	1. 500	13029. 33	19544. 00		
7-1-1-1	汽车便道路基宽 7 m(平原微丘区)	1 km	1. 500	13029. 33	19544. 00	4	
10104	临时供电设施	m	400. 000	112. 88	45152. 00		
7-1-5-1	架设输电线路	100 m	4. 000	11288. 00	45152. 00	6	
102	路基工程	km	13. 704	3812991. 68	52253238. 00		
LJ01	场地清理	km	13. 704	43156. 67	591419. 00		
LJ0101	清理与掘除	km	13. 704	33241. 54	455542. 00		
LJ010101	清除表土	m^3	18295. 000	7. 56	138318. 00		
1-1-1-5	135 kW 以内推土机清除表土	100 m^3	182. 950	230. 62	42192. 00	1	
1-1-9-3	3 m^3 以内装载机装土	1000 m^3 天然密实方	18. 295	771. 90	14122. 00	1	
1-1-10-7	12 t 以内自卸汽车运土 2. 1 km	1000 m^3 天然密实方	18. 295	4482. 32	82004. 00	3	+8×2
LJ010102	伐树、挖根	棵	8423. 000	37. 66	317224. 00		
1-1-1-1	伐树及挖根(直径 10 cm 以上)	10 棵	842. 300	376. 62	317224. 00	6	
LJ0102	挖除旧路面	m^3	1202. 000	87. 98	105749. 00		
LJ010201	挖除水泥混凝土路面	m^3	1202. 000	87. 98	105749. 00		

续表20-11

分项编号/定额代号/工料机代号	项目、定额或工料机的名称	单位	数量	输入单价	输入金额	分项组价类型或定额子目取费类别	定额调整情况或分项算式
2-3-1-7	破碎机挖清水泥混凝土面层	$10m^3$	120.200	812.78	97696.00	4	
1-1-9-6	$3m^3$ 以内装载机装软石	1000 m^3 天然密实方	1.202	1120.63	1347.00	2	
1-1-10-21	12t 以内自卸汽车运石 2.1km	1000 m^3 天然密实方	1.202	5579.03	6706.00	3	+22×2
LJ0103	拆除旧建筑物、构筑物	m^3	1149.000	26.22	30128.00		
LJ010303	拆除砖石及其他砌体	m^3	1149.000	26.22	30128.00		
4-6-5-3	挖掘机拆除浆砌圬工	10 m^3	114.900	195.20	22429.00	6	
1-1-9-6	3 m^3 以内装载机装软石	1000 m^3 天然密实方	1.149	1120.97	1288.00	2	
1-1-10-21	12t 以内自卸汽车运石 2.1km	1000 m^3 天然密实方	1.149	5579.63	6411.00	3	+22×2
LJ02	路基挖方	m^3	355306.000	16.82	5977480.00		
LJ0201	挖土方	m^3	35419.000	5.57	197170.00		
1-1-8-5	1.0 m^3 以内挖掘机挖装普通土	1000 m^3 天然密实方	10.199	2220.61	22648.00	1	定额×0.87
1-1-8-5	1.0 m^3 以内挖掘机挖装普通土	1000 m^3 天然密实方	25.220	2552.34	64370.00	1	
1-1-10-7	12t 以内自卸汽车运土 1km	1000 m^3 天然密实方	10.938	3607.33	39457.00	3	
1-1-10-7	12t 以内自卸汽车运土 2.1km	1000 m^3 天然密实方	15.772	4482.31	70695.00	3	+8×2
LJ0202	挖石方	m^3	316171.000		17.57	5556415.00	
1-1-15-1	机械打眼开炸软石	1000 m^3 天然密实方	147.852	9205.11	1360994.00	2	
1-1-15-2	机械打眼开炸次坚石	1000 m^3 天然密实方	168.319	14012.35	2358544.00	2	
1-1-9-6	3 m^3 以内装载机装软石	1000 m^3 天然密实方	147.852	1121.25	165779.00	2	

续表20-11

分项编号/定额代号/工料机代号	项目、定额或工料机的名称	单位	数量	输入单价	输入金额	分项组价类型或定额子目取费类别	定额调整情况或分项算式
1-1-9-9	3 m^3 以内装载机装次坚石、坚石	1000 m^3 天然密实方	168.319	1476.44	248513.00	2	
1-1-10-21	12t 以内自卸汽车运石 1km	1000 m^3 天然密实方	133.604	4416.45	590055.00	3	
1-1-10-21	12 t 以内自卸汽车运石 2.1 km	1000 m^3 天然密实方	149.226	5578.99	832530.00	3	+22×2
LJ03	挖台阶	m^3	1316.000	7.24	9524.00		
1-1-8-5	1.0 m^3 以内挖掘机挖装普通土	1000 m^3 天然密实方	1.316	2552.43	3359.00	1	
1-1-10-5	10 t 以内自卸汽车运土 2.1 km	1000 m^3 天然密实方	1.316	4684.65	6165.00	3	+6×2
LJ04	清除石方	m^3	2400.000	48.81	117141.00		
1-1-16-3	控制爆破坚石	1000 m^3 天然密实方	2.400	41406.67	99376.00	2	
1-1-9-9	3 m^3 以内装载机装次坚石、坚石	1000 m^3 天然密实方	2.400	1476.67	3544.00	2	
1-1-10-19	10 t 以内自卸汽车运石 2.1 km	1000 m^3 天然密实方	2.400	5925.42	14221.00	3	+20×2
LJ05	平交、顺接、改路挖方	m^3		10490.000	9.27	97230.00	
LJ0501	挖土方	m^3	8392.000	6.32	53028.00		
1-1-8-5	1.0 m^3 以内挖掘机挖装普通土	1000 m^3 天然密实方	8.392	2552.43	21420.00	1	
1-1-10-5	10 t 以内自卸汽车运土 1 km	1000 m^3 天然密实方	8.392	3766.44	31608.00	3	
LJ0502	挖石方	m^3	2098.000	21.07	44202.00		
1-1-15-2	机械打眼开炸次坚石	1000 m^3 天然密实方	2.098	14012.87	29399.00	2	
1-1-9-9	3 m^3 以内装载机装次坚石、坚石	1000 m^3 天然密实方	2.098	1477.12	3099.00	2	
1-1-10-21	12 t 以内自卸汽车运石 2.1 km	1000 m^3 天然密实方	2.098	5578.65	11704.00	3	+22×2

续表20-11

分项编号/定额代号/工料机代号	项目、定额或工料机的名称	单位	数量	输入单价	输入金额	分项组价类型或定额子目取费类别	定额调整情况或分项算式
LJ03	路基填方	m^3	40877.000	4.18	170679.00		
LJ0301	利用土方填筑	m^3	22476.000	3.21	72138.00		
1-1-20-9	15 t 以内振动压路机碾压土方	1000 m^3 压实方	22.476	3209.56	72138.00	1	
LJ0303	利用石方填筑	m^3	18209.000	4.73	86054.00		
1-1-20-16	15 t 以内振动压路机碾压石方	1000 m^3 压实方	18.209	4725.90	86054.00	2	
LJ0308	填前夯实	m^3	192.000	21.48	4124.00		
1-1-20-9	15 t 以内振动压路机碾压土方	1000 m^3 压实方	0.192	3208.33	616.00	1	
1-1-20-24	12～15 t 光轮压路机碾压	1000 m^2	1.920	1827.08	3508.00	1	
LJ0309	平交、顺接、改路填筑	m^3	2381.000	3.51	8363.00		
LJ030901	利用土方填筑	m^3	1905.000	3.21	6113.00		
1-1-20-9	15 t 以内振动压路机碾压土方	1000 m^3 压实方	1.905	3208.92	6113.00	1	
LJ030902	利用石方填筑	m^3	476.000	4.73	2250.00		
1-1-20-16	15 t 以内振动压路机碾压石方	1000 m^3 压实方	0.476	4726.89	2250.00	2	
LJ04	结构物台背回填	m^3	2743.000	123.06	337550.00		
LJ0401	锥坡填土	m^3	694.000	371.84	258056.00		
4-3-3-3	锥坡填土	10 m^3 实体	69.400	807.29	56026.00	8	
4-2-15-47	陆地回旋钻机钻孔桩径 150 cm 以内孔深 40 m 以内次坚石	10 m	6.400	22460.47	143747.00	8	

续表20-11

分项编号/定额代号/工料机代号	项目、定额或工料机的名称	单位	数量	输入单价	输入金额	分项组价类型或定额子目取费类别	定额调整情况或分项算式
4-2-19-10	灌注桩混凝土回旋、潜水钻成孔(桩径 150 cm 以内)卷扬机配吊斗	10 m^3 实体	11. 300	4817. 17	54434. 00	8	5509001 换 5509002
4-2-20-6	钢护筒干处埋设	1 t	3. 472	1108. 58	3849. 00	12	
LJ0402	挡墙墙背回填(石渣)	m^3	2049. 000	38. 80	79494. 00		
1-2-8-3	地基石渣垫层	1000 m^3	2. 049	38796. 49	79494. 00	4	
LJ05	特殊路基处理	km	2. 362	369508. 04	872778. 00		
LJ0501	软土地区路基处理	km	2. 362	369508. 04	872778. 00		
LJ050103	土工织物	m^2	13830. 000	5. 67	78389. 00		
1-2-5-2	土工格栅处理地基	1000 m^2 处理面积	5. 855	5667. 98	33186. 00	4	
1-2-5-2	土工格栅处理地基	1000 m^2 处理面积	7. 975	5668. 09	45203. 00	4	
LJ050110	清淤换填	m^3	13431. 000	49. 23	661158. 00		
1-1-4-5	挖掘机挖装淤泥、流沙	1000 m^3	13. 431	5947. 29	79878. 00	6	
1-1-10-7	12 t 以内自卸汽车运土 2. 1 km	1000 m^3 天然密实方	13. 431	4482. 32	60202. 00	3	+8×2
1-2-8-3	地基石渣垫层	1000 m^3	13. 431	38796. 66	521078. 00	4	
LJ050111	强夯	m^2	5626. 000	17. 37	97729. 00		
1-2-6-8	3000 KN · m 以内点夯	100 m^2 处理面积	56. 260	1737. 10	97729. 00	4	
LJ050112	强夯置换	m^2	6264. 000	5. 67	35502. 00		
1-2-5-2	土工格栅处理地基	1000 m^2 处理面积	2. 784	5667. 39	15778. 00	4	
1-2-5-2	土工格栅处理地基	1000 m^2 处理面积	3. 480	5667. 82	19724. 00	4	
LJ06	排水工程(坡面排水)	m^3	9739. 100	597. 32	5817385. 00		

续表20-11

分项编号/定额代号/工料机代号	项目、定额或工料机的名称	单位		数量		输入单价	输入金额	分项组价类型或定额子目取费类别	定额调整情况或分项算式
LJ0601	边沟	m^3	m	8736.500	18948.00	626.68	5475027.00		
LJ060103	浆砌片块石边沟(主线边沟)	m^3	m	7544.300	15392.00	645.80	4872089.00		
LJ06010301	B型路堑边沟	m^3	m	3169.100	9603.00	818.90	2595190.00		
1-3-3-1	浆砌片石边沟、排水沟	10 m^3 实体		316.910		3108.28	985045.00	6	5509001 换 5509002
1-3-4-2	现浇混凝土边沟、排水沟	10 m^3		336.120		4090.82	1375008.00	6	5509001 换 5509002
1-4-5-4	水泥、石灰、砂抹面护坡	100 m^2 抹面面积		74.588		1531.55	114235.00	6	5509001 换 5509002
4-4-13-1	行车道桥面铺装水泥混凝土垫层	10 m^3 实体		38.200		3164.97	120902.00	8	5509001 换 5509002
LJ06010302	D型盖板边沟	m^3	m	252.500	495.000	1260.32	318231.00		

表 20-12　分项工程概算表 1（21-2 表）

编制范围：汀兰湖高速连接线改扩建工程

分项编号：1010101　　工程名称：临时便道（修建、拆除与维护）　　单位：km　　数量：1.5　　单价：13029.33

代号	工程项目			汽车便道									合计	
	工程细目			汽车便道路基宽 7 m（平原微丘区）										
	定额单位			1 km										
	工程数量			1.500										
	定额表号			7-1-1-1										
	工、料、机名称	单位	单价/元	定额	数量	金额/元	定额	数量	金额/元	定额	数量	金额/元	数量	金额/元
1	人工	工日	103.86	25.600	38.400	3988							38.400	3988
2	75 kW 以内履带式推土机	台班	471.49	9.260	13.890	6549							13.890	6549
3	6～8 t 光轮压路机	台班	216.13	0.820	1.230	266							1.230	266
4	8～10 t 光轮压路机	台班	221.92	0.520	0.780	173							0.780	173
5	12～15 t 光轮压路机	台班	287.87	2.180	3.270	941							3.270	941
6	基价	元	1.00	12691.000	19036.500	19036							19036.5	19036
	直接费	元				11917								11917
	措施费 I	元		19036	4.974%	947								947
	措施费 Ⅱ	元		19036	0.818%	156								156
	企业管理费	元		19036	3.056%	582								582
	规费	元		7423	37.600%	2791								2791
	利润	元		20714	7.42%	1537								1537
	税金	元		17933	9%	1614								1614
	金额合计	元				19544								19544

表 20-13　分项工程概算表 2（21-2 表）

编制范围：汀兰湖高速连接线改扩建工程

分项编号：LJ050103　　工程名称：土工织物　　单位：m^2　　数量：13830　　单价：5.67

代号	工程项目			土工合成材料处理地基			土工合成材料处理地基						合计	
	工程细目			土工格栅处理地基			土工格栅处理地基							
	定额单位			1000 m^2 处理面积			1000 m^2 处理面积							
	工程数量			5.855			7.975							
	定额表号			1-2-5-2			1-2-5-2							
	工、料、机名称	单位	单价/元	定额	数量	金额/元	定额	数量	金额/元	定额	数量	金额/元	数量	金额/元
1	人工	工日	103.86	25.300	148.132	15385	25.300	201.768	20956				349.900	36341
2	U 形锚钉	kg	0.02	32.400	189.702	4	32.400	258.390	5				448.092	9
3	土工格栅	m^2	0.01	1094.600	6408.883	64	1094.600	8729.435	87				15138.318	151
4	其他材料费	元	1.00	45.400	265.817	266	45.400	362.065	362				627.882	628
5	基价	元	1.00	11947.000	69949.685	69950	11947.000	95277.325	95277				165227.010	165227
	直接费	元				15719			21411					37130
	措施费 Ⅰ	元		15743	4.974%	783	21444	4.974%	1067					1850
	措施费 Ⅱ	元		69948	0.818%	572	95276	0.818%	779					1351
	企业管理费	元		69948	3.056%	2138	95276	3.056%	2912					5050
	规费	元		15386	37.600%	5785	20955	37.600%	7879					13664
	利润	元		73437	7.42%	5449	100040	7.42%	7423					12872
	税金	元		30444	9%	2740	41467	9%	3732					6472
	金额合计	元				33186			45203					78389

表 20-13　分项工程概算表 3（21-2 表）

编制范围：汀兰湖高速连接线改扩建工程

分项编号：　　工程名称：银杏树　　单位：　　数量：28　　单价：29.79

代号	工程项目			Ⅰ.带土球			苗木运输			绿化成活期保养			浇水		
	工程细目			栽植带土球乔木（φ20 cm以内）			土球直径 20 cm 以内乔木、灌木运输 15 km			乔木成活期保养（胸径20 cm 以下）			洒水汽车运水、洒水 1 km 15 kg/株		
	定额单位			100 株			1000 株			100 株·月			1000 株		
	工程数量			0.280			0.028			3.360			0.028		
	定额表号			6-1-1-2			6-1-12-3 改			6-1-11-2			6-1-10-7		
	工、料、机名称	单位	单价/元	定额	数量	金额/元	定额	数量	金额/元	定额	数量	金额/元	定额	数量	金额/元
1	人工	工日	103.86	2.200	0.616	64	2.300	0.064	7	0.600	2.016	209	3.0	0.084	9
2	水	m^3	21.23	20.000	5.600	119									
3	乔木	株	0.35	105.000	29.400	10									
4	其他材料费	元	1.00	126.000	35.280	35				1.000	3.360	3			
5	6 t 以内载货汽车	台班	198.86				3.190	0.089	18						
6	4000 L 以内洒水汽车	台班	378.82	0.020	0.006	2							0.35	0.010	4
7	小型机具使用费	元	1.00	0.600	0.168					0.100	0.336				
8	基价	元	1.00	5445.000	1524.600	1525	1815.000	50.820	51	65.0	218.40	218	538.	15.064	15
	直接费	元				230			25			212			13
	措施费 Ⅰ	元		69	3.450%	2	51	5.294%	3	214	3.450%	7	15	3.450%	1
	措施费 Ⅱ	元		120	1.201%	1	51	0.154%		217	1.201%	3	15	1.201%	
	企业管理费	元		120	4.441%	5	51	1.888%	1	217	4.441%	10	15	4.441%	1
	规费	元		64	37.60%	24	16	37.60%	6	210	37.60%	79	11	37.60%	4
	利润	元		1536	7.42%	114	54	7.42%	4	243	7.42%	18	13	7.42%	1
	税金	元		378	9%	34	44	9%	4	333	9%	30	22	9%	2
	金额合计	元				410			43			359			22

表 20-14　材料预算单价计算表(22 表)

建设项目名称：Ak0+000～K13+704. 182　　编制范围：汀兰湖高速连接线改扩建工程

代号	规格名称	单位	原价/元	运杂费					原价运费合计/元	场外运输损耗		采购及保管费		预算单价/元
				供应地点	运输方式、比重及运距	毛重系数或单位毛重	运杂费构成说明或计算式	单位运费/元		费率/%	金额/元	费率/%	金额/元	
1	HPB300 钢筋	t		县城-工地	汽车，1.00，20 km	1.000000	0. 730×20+6. 200	20. 800	20. 80			0. 750	0. 156	20. 960
2	HRB400 钢筋	t		县城-工地	汽车，1.00，20 km	1.000000	0. 730×20+6. 200	20. 800	20. 80			0. 750	0. 156	20. 960
3	钢绞线	t		县城-工地	汽车，1.00，20 km	1.000000	0. 730×20+6. 200	20. 800	20. 80			0. 750	0. 156	20. 960
4	钢丝绳	t		县城-工地	汽车，1.00，20 km	1.000000	0. 730×20+6. 200	20. 800	20. 80			2. 060	0. 429	21. 230
5	钢纤维	t		县城-工地	汽车，1.00，20 km	1.000000	0. 730×20+6. 200	20. 800	20. 80			2. 060	0. 429	21. 230
6	8～12 号铁丝	kg		县城-工地	汽车，1.00，20 km	0.001000	(0. 730×20+6. 200)×0. 001	0. 021	0. 02			2. 060		0. 020
7	20～22 号铁丝	kg		县城-工地	汽车，1.00，20 km	0.001000	(0. 730×20+6. 200)×0. 001	0. 021	0. 02			2. 060		0. 020
8	铁丝编织网	m^2		县城-工地	汽车，1.00，20 km	0.003500	(0. 730×20+6. 200)×0. 0035	0. 073	0. 07			2. 060	0. 002	0. 070
9	型钢	t		县城-工地	汽车，1.00，20 km	1.000000	0. 730×20+6. 200	20. 800	20. 80			0. 750	0. 156	20. 960
10	钢板	t		县城-工地	汽车，1.00，20 km	1.000000	0. 730×20+6. 200	20. 800	20. 80			0. 750	0. 156	20. 960
11	钢管	t		县城-工地	汽车，1.00，20 km	1.000000	0. 730×20+6. 200	20. 800	20. 80			0. 750	0. 156	20. 960
12	镀锌钢板	t		县城-工地	汽车，1.00，20 km	1.000000	0. 730×20+6. 200	20. 800	20. 80			0. 750	0. 156	20. 960
13	钢管立柱	t		县城-工地	汽车，1.00，20 km	1.000000	0. 730×20+6. 200	20. 800	20. 80			0. 420	0. 087	20. 890
14	波形钢板	t		县城-工地	汽车，1.00，20 km	1.000000	0. 730×20+6. 200	20. 800	20. 80			0. 420	0. 087	20. 890
15	钢护筒	t		县城-工地	汽车，1.00，20 km	1.000000	0. 730×20+6. 200	20. 800	20. 80			0. 750	0. 156	20. 960
16	钢模板	t		县城-工地	汽车，1.00，20 km	1.000000	0. 730×20+6. 200	20. 800	20. 80			0. 420	0. 087	20. 890
17	组合钢模板	t		县城-工地	汽车，1.00，20 km	1.000000	0. 730×20+6. 200	20. 800	20. 80			0. 420	0. 087	20. 890
18	安全爬梯	t		县城-工地	汽车，1.00，20 km	1.000000	0. 730×20+6. 200	20. 800	20. 80			0. 420	0. 087	20. 890
19	铸铁	kg		县城-工地	汽车，1.00，20 km	0.001000	(0. 730×20+6. 200)×0. 001	0. 021	0. 02			2. 060		0. 020

表 20-15　施工机械台班单价计算表(24 表)

建设项目名称：Ak0+000~K13+704.182　　编制范围：汀兰湖高速连接线改扩建工程

序号	代号	规格名称	台班单价/元	不变费用/元		可变费用/元								
				调整系数		人工		汽油		柴油		重油		合计
				1		103.86(元/工日)		0.02(元/kg)		0.02(元/kg)		0.02(元/kg)		
				定额	调整值	定额	金额	定额	金额	定额	金额	定额	金额	
1	8001002	75 kW 以内履带式推土机	471.49	262.67	262.67	2.00	207.72			54.97	1.10			208.82
2	8001003	90 kW 以内履带式推土机	556.92	347.89	347.89	2.00	207.72			65.37	1.31			209.03
3	8001004	105 kW 以内履带式推土机	607.29	398.04	398.04	2.00	207.72			76.52	1.53			209.25
4	8001006	135 kW 以内履带式推土机	868.14	658.46	658.46	2.00	207.72			98.06	1.96			209.68
5	8001025	0.6 m^3 以内履带式液压单斗挖掘机	549.73	341.26	341.26	2.00	207.72			37.45	0.75			208.47
6	8001027	1.0 m^3 以内履带式液压单斗挖掘机	634.34	425.12	425.12	2.00	207.72			74.91	1.50			209.22
7	8001030	2.0 m^3 以内履带式液压单斗挖掘机	814.27	604.71	604.71	2.00	207.72			91.93	1.84			209.56
8	8001035	1.0 m^3 以内履带式机械单斗挖掘机	567.35	358.34	358.34	2.00	207.72			64.69	1.29			209.01
9	8001045	1.0 m^3 以内轮胎式装载机	219.00	114.16	114.16	1.00	103.86			49.03	0.98			104.84
10	8001047	2.0 m^3 以内轮胎式装载机	294.10	188.38	188.38	1.00	103.86			92.86	1.86			105.72
11	8001049	3.0 m^3 以内轮胎式装载机	392.95	286.79	286.79	1.00	103.86			115.15	2.30			106.16
12	8001058	120 kW 以内自行式平地机	574.49	365.13	365.13	2.00	207.72			82.13	1.64			209.36
13	8001078	6~8 t 光轮压路机	216.13	111.89	111.89	1.00	103.86			19.20	0.38			104.24
14	8001079	8~10 t 光轮压路机	221.92	117.60	117.60	1.00	103.86			23.20	0.46			104.32
15	8001081	12~15 t 光轮压路机	287.87	183.21	183.21	1.00	103.86			40.00	0.80			104.66
16	8001083	18~21 t 光轮压路机	311.24	206.20	206.20	1.00	103.86			59.20	1.18			105.04
17	8001085	0.6 t 以内手扶式振动碾	138.44	34.52	34.52	1.00	103.86			3.20	0.06			103.92
18	8001089	15 t 以内振动压路机(单钢轮)	527.32	318.13	318.13	2.00	207.72			73.60	1.47			209.19
84	8099001	小型机具使用费	1.00											

思考与练习

(1)请找出市面上常用的公路工程造价软件，总结这些软件各自的特点。

(2)下载与安装公路造价软件，并根据下列要求建立文件。

①汀兰湖高速黄花机场连接线 K3+268～K7+667.32 段。

②张三编制、李四校核。

(3)试用造价软件将定额“浆砌片石边沟“中的 M7.5 水泥砂浆换成 M5 水泥砂浆。

学习参考资料

单元学习参考资料链接，见二维码 A12。

A12　公路工程概算文件

课程思政

工程量清单漏项引起的纠纷

工程概况	1. 由承包人承包发包人 CYB 购物广场建设工程(一期)程，合同暂定总价为 2528 万元，发承包双方确认措施项目费包干价为 141 万元。 2. 合同价款采用固定综合单价方式确定，风险范围以外合同价款调整方法：发、承包双方认可的《分部分项工程量清单》中，由于承包人漏项的项目不予调整。 3. 措施费的调整方法：凡变更项目会导致工程施工模板量发生变化时，按规定相应调整增(减)工程量部分的措施费，其他变更一律不调整措施费。 4. 合同价款调整方法：按实际发生的工程量及其相应的固定综合单价据实结算。
造价鉴定	1. 高强螺栓的造价为 13 万元，在双方认可的《分部分项工程量清单》中无此项。 2. 施工结构图纸中有高强螺栓一项，但因双方认可的《分部分项工程量清单》中由于承包人漏报的项目不予调整。
双方观点	发包人：双方合同专用条款第 6 条合同价款第 13. 1(2)条风险范围以外合同价款调整方法为发、承包双方认可的《分部分项工程量清单》中由于承包人漏报的项目不予调整。鉴定意见书已经认定，高强螺屋于承包人漏项，不应计入总造价。 承包人：施工图纸有包含高强螺栓一项且其公司实际进行了施工，该项费围应计入总造价中。双方签订施工合同时，发包人向承包人提供的模拟清单中虽未包含该项目，但之后提供的施工图纸中却包含该部分，且实际由承包人施工完成。
法院意见	再审法院： 1. 高强螺栓应否计入涉案工程造价。按双方合同专用条款第 6 条的约定，双方认可的《分部分项工程量清单》中由于承包人漏报的项目不予调整。 2. 双方合同第一部分协议书第 5 条第 1 项约定：合同暂定总价 2528 万元(其中：以暂定工程量确定的分部分项工程费 2303 万元，工程数量待图纸优化后重新核定，分部分项工程费以发、承包双方认可的综合单价据实调整)。 3. 双方签订合同时所附《分部分项工程量清单》中确实不含高强螺栓，但在之后发包人向承包人提供的施工图纸中包含此项，承包人在实际施工中亦包含有此项目，且此项目并非承包人原因漏报的项目，故二审判决将该项目价款从工程总造价中予以扣减不当，本院予以纠正。
纠纷分析	本案例中，双方的分歧在于：高强度螺栓漏项的责任在哪一方。 1. 承包人投标时，《分部分项工程量清单》中不含高强螺栓。 2. 承包人签订合同后，发包人向承包人提供的施工图纸中包含了高强螺栓。 3. 承包人投标时，无法预料发包人后续提供的图纸中包含高强螺栓。 4. 故高强度螺栓漏项的责任在发包方。

附表一 全国冬季施工气温区划分表

省份	地区、市、自治州、盟(县)	气温区	
北京	全境	冬二	Ⅰ
天津	全境	冬二	Ⅰ
河北	石家庄、邢台、邯郸、衡水市(冀州区、枣强县、故城县)	冬一	Ⅱ
	廊坊、保定(涞源县及以北除外)、衡水(冀州区、枣强县、故城县除外)、沧州市	冬二	Ⅰ
	唐山、秦皇岛市		Ⅱ
	承德(围场县除外)、张家口(沽源县、张北县、尚义县、康保县除外)、保定市(涞源县及以北)	冬三	
	承德(围场县)、张家口市(沽源县、张北县、尚义县、康保县)	冬四	
山西	运城市(万荣县、夏县、绛县、新绛县、稷山县、闻喜县除外)	冬一	Ⅱ
	运城(万荣县、夏县、绛县、新绛县、稷山县、闻喜县)、临汾(尧都区、侯马市、曲沃县、翼城县、襄汾县、洪洞县)、阳泉(盂县除外)、长治(黎城县)、晋城市(城区、泽州县、沁水县、阳城县)	冬二	Ⅰ
	太原(娄烦县除外)、阳泉(盂县)、长治(黎城县除外)、晋城(城区、泽州县、沁水县、阳城县除外)、晋中(寿阳县、和顺县、左权县除外)、临汾(尧都区、侯马市、曲沃县、翼城县、襄汾县、洪洞县除外)、吕梁市(孝义市、汾阳市、文水县、交城县、柳林县、石楼县、交口县、中阳县)		Ⅱ
	太原(娄烦县)、大同(左云县除外)、朔州(右玉县除外)、晋中(寿阳县、和顺县、左权县)、忻州、吕梁市(离石区、临县、岚县、方山县、兴县)	冬三	
	大同(左云县)、朔州市(右玉县)	冬四	
内蒙古	乌海市、阿拉善盟(阿拉善左旗、阿拉善右旗)	冬二	Ⅰ
	呼和浩特(武川县除外)、包头(固阳县除外)、赤峰、鄂尔多斯、巴彦淖尔、乌兰察布市(察哈尔右翼中旗除外)、阿拉善盟(额济纳旗)	冬三	
	呼和浩特(武川县)、包头(固阳县)、通辽、乌兰察布市(察哈尔右翼中旗)、锡林郭勒(苏尼特右旗、多伦县)、兴安盟(阿尔山市除外)	冬四	
	呼伦贝尔市(海拉尔区、新巴尔虎右旗、阿荣旗)、兴安(阿尔山市)、锡林郭勒盟(冬四区以外各地)	冬五	
	呼伦贝尔市(冬五区以外各地)	冬六	

续附表一

省份	地区、市、自治州、盟(县)	气温区	
辽宁	大连(瓦房店市、普兰店市、庄河市除外)、葫芦岛市(绥中县)	冬二	Ⅰ
	沈阳(康平县、法库县除外)、大连(瓦房店市、普兰店市、庄河市)、鞍山、本溪(桓仁县除外)、丹东、锦州、阜新、营口、辽阳、朝阳(建平县除外)、葫芦岛(绥中县除外)、盘锦市	冬三	
	沈阳(康平县、法库县)、抚顺、本溪(桓仁县)、朝阳(建平县)、铁岭市	冬四	
吉林	长春(榆树市除外)、四平、通化(辉南县除外)、辽源、白山(靖宇县、抚松县、长白县除外)、松原(长岭县)、白城市(通榆县)、延边自治州(敦化市、汪清县、安图县除外)	冬四	
	长春(榆树市)、吉林、通化(辉南县)、白山(靖宇县、抚松县、长白县)、白城(通榆县除外)、松原市(长岭县除外)、延边自治州(敦化市、汪清县、安图县)	冬五	
黑龙江	牡丹江市(绥芬河市、东宁市)	冬四	
	哈尔滨(依兰县除外)、齐齐哈尔(讷河市、依安县、富裕县、克山县、克东县、拜泉县除外)、绥化(安达市、肇东市、兰西县)、牡丹江(绥芬河市、东宁市除外)、双鸭山(宝清县)、佳木斯(桦南县)、鸡西、七台河、大庆市	冬五	
	哈尔滨(依兰县)、佳木斯(桦南县除外)、双鸭山(宝清县除外)、绥化(安达市、肇东市、兰西县除外)、齐齐哈尔(讷河市、依安县、富裕县、克山县、克东县、拜泉县)、黑河、鹤岗、伊春市、大兴安岭地区	冬六	
上海	全境	准二	
江苏	徐州、连云港市	冬一	Ⅰ
	南京、无锡、常州、淮安、盐城、宿迁、扬州、泰州、南通、镇江、苏州市	准二	
浙江	杭州、嘉兴、绍兴、宁波、湖州、衢州、舟山、金华、温州、台州、丽水市	准二	
安徽	亳州市	冬一	Ⅰ
	阜阳、蚌埠、淮南、滁州、合肥、六安、马鞍山、芜湖、铜陵、池州、宣城、黄山市	准一	
	淮北、宿州市	准二	
福建	宁德(寿宁县、周宁县、屏南县)、三明市	准一	
江西	南昌、萍乡、景德镇、九江、新余、上饶、抚州、宜春市	准一	
山东	全境	冬一	Ⅰ
河南	安阳、商丘、周口(西华县、淮阳县、鹿邑县、扶沟县、太康县)、新乡、三门峡、洛阳、郑州、开封、鹤壁、焦作、济源、濮阳、许昌市	冬一	Ⅰ
	驻马店、信阳、南阳、周口(西华县、淮阳县、鹿邑县、扶沟县、太康县除外)、平顶山、漯河市	准二	

续附表一

省份	地区、市、自治州、盟(县)	气温区	
湖北	武汉、黄石、荆州、荆门、鄂州、宜昌、咸宁、黄冈、天门、潜江、仙桃市，恩施自治州	准一	
	孝感、十堰、襄阳、随州市，神农架林区	准二	
湖南	全境	准一	
重庆	城口县	准一	
四川	阿坝(黑水县)、甘孜自治州(新龙县、道浮县、泸定县)	冬一	Ⅱ
	甘孜自治州(甘孜县、康定市、白玉县、炉霍县)	冬二	Ⅰ
	阿坝(壤塘县、红原县、松潘县)、甘孜自治州(德格县)		Ⅱ
	阿坝(阿坝县、若尔盖县、九寨沟县)、甘孜自治州(石渠县、色达县)	冬三	
	广元市(青川县)，阿坝(汶川县、小金县、茂县、理县)、甘孜(巴塘县、雅江县、得荣县、九龙县、理塘县、乡城县、稻城县)、凉山自治州(盐源县、木里县)	准一	
	阿坝(马尔康市、金川县)、甘孜自治州(丹巴县)	准二	
贵州	贵阳、遵义(赤水市除外)、安顺市、黔东南、黔南、黔西南自治州	准一	
	六盘水、毕节市	准二	
云南	迪庆自治州(德钦县、香格里拉市)	冬一	Ⅱ
	曲靖(宣威市、会泽县)、丽江(玉龙县、宁蒗县)、昭通市(昭阳区、大关县、威信县、彝良县、镇雄县、鲁甸县)，迪庆(维西县)、怒江(兰坪县)、大理自治州(剑川县)	准一	
西藏	拉萨(当雄县除外)、日喀则(拉孜县)、山南(浪卡子县、错那县、隆子县除外)、昌都(芒康县、左贡县、类乌齐县、丁青县、洛隆县除外)、林芝市	冬一	Ⅰ
	山南(隆子县)、日喀则市(定日县、聂拉木县、亚东县、拉孜县除外)		Ⅱ
	昌都市(洛隆县)	冬二	Ⅰ
	昌都(芒康县、左贡县、类乌齐县、丁青县)、山南(浪卡子县)、日喀则市(定日县、聂拉木县)，阿里地区(普兰县)		Ⅱ
	拉萨(当雄县)、山南(错那县)、日喀则市(亚东县)，那曲(安多县除外)、阿里地区(普兰县除外)	冬三	
	那曲地区(安多县)	冬四	
陕西	西安、宝鸡、渭南、咸阳(彬县、旬邑县、长武县除外)、汉中(留坝县、佛坪县)、铜川市(耀州区)	冬一	Ⅰ
	铜川(印台区、王益区)、咸阳市(彬县、旬邑县、长武县)		Ⅱ
	延安(吴起县除外)、榆林(清涧县)、铜川市(宜君县)	冬二	Ⅱ
	延安(吴起县)、榆林市(清涧县除外)	冬三	

续附表一

<table>
<tr><th>省份</th><th>地区、市、自治州、盟(县)</th><th colspan="2">气温区</th></tr>
<tr><td>陕西</td><td>商洛、安康、汉中市(留坝县、佛坪县除外)</td><td colspan="2">准二</td></tr>
<tr><td rowspan="5">甘肃</td><td>陇南市(两当县、徽县)</td><td>冬一</td><td>Ⅱ</td></tr>
<tr><td>兰州、天水、白银(会宁县、靖远县)、定西、平凉、庆阳、陇南市(西和县、礼县、宕昌县),临夏、甘南自治州(舟曲县)</td><td>冬二</td><td>Ⅱ</td></tr>
<tr><td>嘉峪关、金昌、白银(白银区、平川区、景泰县)、酒泉、张掖、武威市,甘南自治州(舟曲县除外)</td><td colspan="2">冬三</td></tr>
<tr><td>陇南市(武都区、文县)</td><td colspan="2">准一</td></tr>
<tr><td>陇南市(成县、康县)</td><td colspan="2">准二</td></tr>
<tr><td rowspan="4">青海</td><td>海东市(民和县)</td><td>冬二</td><td>Ⅱ</td></tr>
<tr><td>西宁、海东(民和县除外),黄南(泽库县除外)、海南、果洛(班玛县、达日县、久治县)、玉树(囊谦县、杂多县、称多县、玉树市)、海西自治州(德令哈市、格尔木市、都兰县、乌兰县)</td><td colspan="2">冬三</td></tr>
<tr><td>海北(野牛沟、托勒除外)、黄南(泽库县)、果洛(玛沁县、甘德县、玛多县)、玉树(曲麻莱县、治多县)、海西自治州(冷湖、茫崖、大柴旦、天峻县)</td><td colspan="2">冬四</td></tr>
<tr><td>海北(野牛沟、托勒)、玉树(清水河)、海西自治州(唐古拉山区)</td><td colspan="2">冬五</td></tr>
<tr><td>宁夏</td><td>全境</td><td>冬二</td><td>Ⅱ</td></tr>
<tr><td rowspan="5">新疆</td><td>阿拉尔、哈密市(哈密市泌城镇),喀什(喀什市、伽师县、巴楚县、英吉沙县、麦盖提县、莎车县、叶城县、泽普县)、阿克苏(沙雅县、阿瓦提县)、和田地区,伊犁(伊宁市、新源县、霍城县霍尔果斯镇)、巴音郭楞(库尔勒市、若羌县、且末县、尉犁县铁干里可)、克孜勒苏自治州(阿图什市、阿克陶县)</td><td rowspan="2">冬二</td><td>Ⅰ</td></tr>
<tr><td>喀什地区(岳普湖县)</td><td>Ⅱ</td></tr>
<tr><td>乌鲁木齐市(牧业气象试验站、达坂城区、乌鲁木齐县小渠子乡)、吐鲁番、哈密市(十三间房、红柳河、伊吾县淖毛湖),塔城(乌苏市、沙湾县、额敏县除外)、阿克苏(沙雅县、阿瓦提县除外)、喀什地区(塔什库尔干县),克孜勒苏(乌恰县、阿合奇县)、巴音郭楞(和静县、焉耆县、和硕县、轮台县、尉犁县、且末县塔中)、伊犁自治州(伊宁市、霍城县、察布查尔县、尼勒克县、巩留县、昭苏县、特克斯县)</td><td colspan="2">冬三</td></tr>
<tr><td>乌鲁木齐(冬三区以外各地)、哈密地区(巴里坤县),塔城(额敏县、乌苏市)、阿勒泰(阿勒泰市、哈巴河县、吉木乃县)、昌吉(昌吉市、木垒县、奇台县北塔山镇、阜康市天池)、博尔塔拉(温泉县、精河县、阿拉山口口岸)、克孜勒苏自治州(乌恰县吐尔尕特口岸)</td><td colspan="2">冬四</td></tr>
<tr><td>克拉玛依、石河子市,塔城(沙湾县)、阿勒泰地区(布尔津县、福海县、富蕴县、青河县),博尔塔拉(博乐市)、昌吉(阜康市、玛纳斯县、呼图壁县、吉木萨尔县、奇台县)、巴音郭楞自治州(和静县巴音布鲁克乡)</td><td colspan="2">冬五</td></tr>
</table>

注:为避免烦冗,各民族自治州名称予以简化,如青海省的“海西蒙古族藏族自治州”简化为“海西自治州”。

附表二　全国雨季施工雨量区及雨季期划分表

省份	地区、市、自治州、盟(县)	雨量区	雨季期(月数)
北京	全境	Ⅱ	2
天津	全境	Ⅰ	2
河北	张家口、承德市(围场县)	Ⅰ	1.5
	承德(围场县除外)、保定、沧州、石家庄、廊坊、邢台、衡水、邯郸、唐山、秦皇岛市	Ⅱ	2
山西	全境	Ⅰ	1.5
内蒙古	呼和浩特、通辽、呼伦贝尔(海拉尔区、满洲里市、陈巴尔虎旗、鄂温克旗)、鄂尔多斯(东胜区、准格尔旗、伊金霍洛旗、达拉特旗、乌审旗)、赤峰、包头、乌兰察布市(集宁区、化德县、商都县、兴和县、四子王旗、察哈尔右翼中旗、察哈尔右翼后旗、卓资县及以南),锡林郭勒盟(锡林浩特市、多伦县、太仆寺旗、西乌珠穆沁旗、正蓝旗、正镶白旗)	Ⅰ	1
	呼伦贝尔市(牙克石市、额尔古纳市、鄂伦春旗、扎兰屯市及以东),兴安盟		2
辽宁	大连(长海县、瓦房店市、普兰店市、庄河市除外)、朝阳市(建平县)	Ⅰ	2
	沈阳(康平县)、大连(长海县)、锦州(北镇市除外)、营口(盖州市)、朝阳市(凌源市、建平县除外)		2.5
	沈阳(康平县、辽中区除外)、大连(瓦房店市)、鞍山(海城市、台安县、岫岩县除外)、锦州(北镇市)、阜新、朝阳(凌源市)、盘锦、葫芦岛(建昌县)、铁岭市		3
	抚顺(新宾县)、辽阳市	Ⅱ	3.5
	沈阳(辽中区)、鞍山(海城市、台安县)、营口(盖州市除外)、葫芦岛市(兴城市)		2.5
	大连(普兰店市)、葫芦岛市(兴城市、建昌县除外)		3
	大连(庄河市)、鞍山(岫岩县)、抚顺(新宾县除外)、丹东(凤城市、宽甸县除外)、本溪市		3.5
	丹东市(凤城市、宽甸县)		4
吉林	辽源、四平(双辽市)、白城、松原市	Ⅰ	2
	吉林、长春、四平(双辽市除外)、白山市,延边自治州	Ⅱ	2
	通化市		3

续附表二

省份	地区、市、自治州、盟(县)	雨量区	雨季期(月数)
黑龙江	哈尔滨(市区、呼兰区、五常市、阿城区、双城区)、佳木斯(抚远市)、双鸭山(市区、集贤县除外)、齐齐哈尔(拜泉县、克东县除外)、黑河(五大连池市、嫩江县)、绥化(北林区、海伦市、望奎县、绥棱县、庆安县除外)、牡丹江、大庆、鸡西、七台河市,大兴安岭地区(呼玛县除外)	Ⅰ	2
	哈尔滨(市区、呼兰区、五常市、阿城区、双城区除外)、佳木斯(抚远县除外)、双鸭山(市区、集贤县)、齐齐哈尔(拜泉县、克东县)、黑河(五大连池市、嫩江县除外)、绥化(北林区、海伦市、望奎县、绥棱县、庆安县)、鹤岗、伊春市,大兴安岭地区(呼玛县)	Ⅱ	2
上海	全境	Ⅱ	4
江苏	徐州、连云港市	Ⅱ	2
	盐城市		3
	南京、镇江、淮安、南通、宿迁、扬州、常州、泰州市		4
	无锡、苏州市		4.5
浙江	舟山市	Ⅱ	4
	嘉兴、湖州市		4.5
	宁波、绍兴市		6
	杭州、金华、温州、衢州、台州、丽水市		7
安徽	阜阳市、亳州、淮北、宿州、蚌埠、淮南、六安、合肥市	Ⅱ	2
	滁州、马鞍山、芜湖、铜陵、宣城市		3
	池州市		4
	安庆、黄山市		5
福建	泉州市(惠安县崇武)	Ⅰ	4
	福州(平潭县)、泉州(晋江市)、厦门(同安区除外)、漳州市(东山县)	Ⅱ	5
	三明(永安市)、福州(市区、长乐市)、莆田市(仙游县除外)		6
	南平(顺昌县除外)、宁德(福鼎市、霞浦县)、三明(永安市、尤溪县、大田县除外)、福州(市区、长乐市、平潭县除外)、龙岩(长汀县、连城县)、泉州(晋江市、惠安县崇武、德化县除外)、莆田(仙游县)、厦门(同安区)、漳州市(东山县除外)		7
	南平(顺昌县)、宁德(福鼎市、霞浦县除外)、三明(尤溪县、大田县)、龙岩(长汀县、连城县除外)、泉州市(德化县)		8
江西	南昌、九江、吉安市	Ⅱ	6
	萍乡、景德镇、新余、鹰潭、上饶、抚州、宜春、赣州市		7

续附表二

省份	地区、市、自治州、盟(县)	雨量区	雨季期(月数)
山东	济南、潍坊、聊城市	Ⅰ	3
	淄博、东营、烟台、济宁、威海、德州、滨州市		4
	枣庄、泰安、莱芜、临沂、菏泽市		5
	青岛市	Ⅱ	3
	日照市		4
河南	郑州、许昌、洛阳、济源、新乡、焦作、三门峡、开封、濮阳、鹤壁市	Ⅰ	2
	周口、驻马店、漯河、平顶山、安阳、商丘市		3
	南阳市		4
	信阳市	Ⅱ	2
湖北	十堰、襄樊、随州市，神农架林区	Ⅰ	3
	宜昌(秭归县、远安县、兴山县)、荆门市(钟祥市、京山县)	Ⅱ	2
	武汉、黄石、荆州、孝感、黄冈、咸宁、荆门(钟祥市、京山县除外)、天门、潜江、仙桃、鄂州、宜昌市(秭归县、远安县、兴山县除外)，恩施自治州		6
湖南	全境	Ⅱ	6
广东	茂名、中山、汕头、潮州市	Ⅰ	5
	广州、江门、肇庆、顺德、湛江、东莞市		6
	珠海市	Ⅱ	5
	深圳、阳江、汕尾、佛山、河源、梅州、揭阳、惠州、云浮、韶关市		6
	清远市		7
广西	百色、河池、南宁、崇左市	Ⅱ	5
	桂林、玉林、梧州、北海、贵港、钦州、防城港、贺州、柳州、来宾市		6
海南	全境	Ⅱ	6
重庆	全境	Ⅱ	4
四川	阿坝(松潘县、小金县)、甘孜自治州(丹巴县、石渠县)	Ⅰ	1
	泸州市(古蔺县)、阿坝(阿坝县、若尔盖县)、甘孜自治州(道孚县、炉霍县、甘孜县、巴塘县、乡城县)		2
	德阳、乐山(峨边县)、雅安市(汉源县)、阿坝(壤塘县)、甘孜(泸定县、新龙县、德格县、白玉县、色达县、得荣县)、凉山自治州(美姑县)		3
	绵阳(江油市、安州区、北川县除外)、广元、遂宁、宜宾市(长宁县、珙县县、兴文县除外)、阿坝(黑水县、红原县、九寨沟县)、甘孜(九龙县、雅江县、理塘县)、凉山自治州(会理县、木里县、宁南县)		4
	南充(仪陇县除外)、广安(岳池县、武胜县、邻水县)、达州市(大竹县)、阿坝(马尔康县)、甘孜(康定市)、凉山自治州(甘洛县)		5

续附表二

省份	地区、市、自治州、盟(县)	雨量区	雨季期(月数)
四川	自贡(富顺县除外)、绵阳(北川县)、内江、资阳、雅安(石棉县)、甘孜(稻城县)、凉山(盐源县、雷波县、金阳县)	Ⅱ	3
	成都、自贡(富顺县)、攀枝花、泸州(古蔺县除外)、绵阳(江油县、安州区)、眉山(洪雅县除外)、乐山(峨边县、峨眉山市、沐川县除外)、宜宾(长宁县、珙县县、兴文县)、广安市(岳池县、武胜县、邻水县除外),凉山自治州(西昌市、德昌县、会理县、会东县、喜德县、冕宁县)		4
	眉山(洪雅县)、乐山(峨眉山市、沐川县)、雅安(汉源县、石棉县除外)、南充(仪陇县)、巴中、达州市(大竹县、宣汉县除外)、凉山自治州(昭觉县、布拖县、越西县)		5
	达州市(宣汉县)、凉山自治州(普格县)		6
贵州	贵阳、遵义、毕节市	Ⅱ	4
	安顺、铜仁、六盘水市,黔东南自治州		5
	黔西南自治州		6
	黔南自治州		7
云南	昆明(市区、嵩明县除外)、玉溪、曲靖(富源县、师宗县、罗平县除外)、丽江(宁蒗县、永胜县)、普洱市(墨江县)、昭通市,怒江(兰坪县、泸水市六库镇)、大理(大理市、漾濞县除外)、红河(个旧市、开远市、蒙自市、红河县、石屏县、建水县、弥勒市、泸西县)、迪庆、楚雄自治州	Ⅰ	5
	保山(腾冲市、龙陵县除外)、临沧市(凤庆县、云县、永德县、镇康县),怒江(福贡县、泸水市)、红河自治州(元阳县)		6
	昆明(市区、嵩明县)、曲靖(富源县、师宗县、罗平县)、丽江(古城区、华坪县)、普洱市(思茅区、景东县、镇沅县、宁洱县、景谷县),大理(大理市、漾濞县)、文山自治州	Ⅱ	5
	保山(腾冲市、龙陵县)、临沧(临翔区、双江县、耿马县、沧源县)、普洱市(西盟县、澜沧县、孟连县、江城县),怒江(贡山县)、德宏、红河(绿春县、金平县、屏边县、河口县)、西双版纳自治州		6
西藏	山南(加查县除外)、日喀则市(定日县)、那曲(索县除外)、阿里地区	Ⅰ	1
	拉萨、昌都(类乌齐县、丁青县、芒康县除外)、日喀则(拉孜县)、林芝市(察隅县),那曲(索县)		2
	昌都(类乌齐县)、林芝市(米林县)		3
	昌都(丁青县)、林芝市(米林县、波密县、察隅县除外)		4
	林芝市(波密县)		5
	昌都市(芒康县)、山南(加查县)、日喀则市(定日县、拉孜县除外)	Ⅱ	2

续附表二

省份	地区、市、自治州、盟(县)	雨量区	雨季期(月数)
陕西	榆林、延安市	Ⅰ	1.5
	铜川、西安、宝鸡、咸阳、渭南市，杨凌区		2
	商洛、安康、汉中市		3
甘肃	天水(甘谷县、武山县)、陇南市(武都区、文县、礼县)，临夏(康乐县、广河县、永靖县)，甘南自治州(夏河县)	Ⅰ	1
	天水(北道区、秦城区)、定西(渭源县)、庆阳(华池县、环县)、陇南市(西和县)，临夏(临夏市)、甘南自治州(临潭县、卓尼县)		1.5
	天水(秦安县)、定西(临洮县、岷县)、平凉(崆峒区)、庆阳(庆城县)、陇南市(宕昌县)，临夏(临夏县、东乡县、积石山县)、甘南自治州(合作市)		2
	天水(张家川县)、平凉(静宁县、庄浪县)、庆阳(镇原县)、陇南市(两当县)，临夏(和政县)、甘南自治州(玛曲县)		2.5
	天水(清水县)、平凉(泾川县、灵台县、华亭县、崇信县)、庆阳(西峰区、合水县、正宁县、宁县)、陇南市(徽县、成县、康县)，甘南自治州(碌曲县、迭部县)		3
青海	西宁(湟源县)、海东市(平安区、乐都区、民和县、化隆县)，海北(海晏县、祁连县、刚察县、托勒)、海南(同德县、贵南县)、黄南(泽库县、同仁县)、海西自治州(天峻县)	Ⅰ	1
	西宁(湟源县除外)、海东市(互助县)，海北(门源县)、果洛(达日县、久治县、班玛县)、玉树自治州(称多县、杂多县、囊谦县、玉树市)，河南自治县		1.5
宁夏	固原地区(隆德县、泾源县)	Ⅰ	2
新疆	乌鲁木齐市(小渠子乡、牧业气象试验站、大西沟乡)，昌吉(阜康市天池)，克孜勒苏(吐尔尕特、托云、巴音库鲁提)、伊犁自治州(昭苏县、霍城县二台、松树头)	Ⅰ	1
香港澳门			
台湾	(资料暂缺)		

注：1. 表中未列的地区除西藏林芝地区墨脱县因无资料未划分外，其余地区均因降雨天数或平均日降雨量未达到计算雨季施工增加费的标准，故未划分雨量区及雨季期。

2. 行政区划依据资料及自治州、市的名称列法同冬季施工气温区划分说明。

附表三 全国风沙地区公路施工区划分表

区划	沙漠(地)名称	地理位置	自然特征
风沙一区	呼伦贝尔沙地、嫩江沙地	呼伦贝尔沙地位于内蒙古呼伦贝尔平原，嫩江沙地位于东北平原西北部嫩江下游	属半干旱、半湿润严寒区，年降水量 280～400 mm，年蒸发量 1400～1900 mm，干燥度 1.2～1.5
	科尔沁沙地	散布于东北平原西辽河中、下游主干及支流沿岸的冲积平原上	属半湿润温冷区，年降水量 300～450 mm，年蒸发量 1700～2400 mm，干燥度 1.2～2.0
	浑善达克沙地	位于内蒙古锡林郭勒盟南部和赤峰市西北部	属半湿润温冷区，年降水量 100～400 mm，年蒸发量 2200～2700 mm，干燥度 1.2～2.0，年平均风速 3.5～5 m/s，年大风天数 50～80 d
	毛乌素沙地	位于内蒙古鄂尔多斯中南部和陕西北部	属半干旱温热区，年降水量东部 400～440 mm，西部仅 250～320 mm，年蒸发量 2100～2600 mm，干燥度 1.6～2.0
	库布齐沙漠	位于内蒙古鄂尔多斯北部，黄河河套平原以南	属半干旱温热区，年降水量 150～400 mm，年蒸发量 2100～2700 mm，干燥度 2.0～4.0，年平均风速 3～4 m/s
风沙二区	乌兰布和沙漠	位于内蒙古阿拉善东北部，黄河河套平原西南部	属干旱温热区，年降水量 100～145 mm，年蒸发量 2400～2900 mm，干燥度 8.0～16.0，地下水相当丰富，埋深一般为 1.5～3 m
	腾格里沙漠	位于内蒙古阿拉善东南部及甘肃武威部分地区	属干旱温热区，沙丘、湖盆、山地、残丘及平原交错分布，年降水量 116～148 mm，年蒸发量 3000～3600 mm，干燥度 4.0～12.0
	巴丹吉林沙漠	位于内蒙古阿拉善西南边缘及甘肃酒泉部分地区	属干旱温热区，沙山高大密集，形态复杂，起伏悬殊，一般高 200～300 m，最高可达 420 m，年降水量 40～80 mm，年蒸发量 1720～3320 mm，干燥度 7.0～16.0
	柴达木沙漠	位于青海柴达木盆地	属极干旱寒冷区，风蚀地、沙丘、戈壁、盐湖和盐土平原相互交错分布，盆地东部年均气温 2～4℃，西部为 1.5～2.5℃，年降水量东部为 50～170 mm，西部为 10～25 mm，年蒸发量 2500～3000 mm，干燥度 16.0～32.0

续附表三

区划	沙漠(地)名称	地理位置	自然特征
	古尔班通古特沙漠	位于新疆北部准噶尔盆地	属于旱温冷区，其中固定、半固定沙丘面积占沙漠面积的97%，年降水量70~150 mm，年蒸发量1700~2200 mm，干燥度2.0~10.0
风沙三区	塔克拉玛干沙漠	位于新疆南部塔里木盆地	属极干旱炎热区，年降水量东部20 mm左右，南部30 mm左右，西部40 mm左右，北部50 mm以上，年蒸发量在1500~3700 mm，中部达高限，干燥度>32.0
	库姆达格沙漠	位于新疆东部、甘肃西部，罗布泊低地南部和阿尔金山北部	属极干旱炎热区，全部为流动沙丘，风蚀严重，年降水量10~20 mm，年蒸发量2800~3000 mm，干燥度>32.0，年8级以上大风天数在100 d以上

参考文献

[1] 中华人民共和国交通运输部. 公路工程建设项目概算预算编制办法(JTG 3830—2018)[S]. 北京：人民交通出版社，2019.
[2] 中华人民共和国交通运输部. 公路工程预算定额(JTG/T 3832—2018)[S]. 北京：人民交通出版社，2019.
[3] 中华人民共和国交通运输部. 公路工程机械台班费用定额(JTG/T 3833—2018)[S]. 北京：人民交通出版社，2019.
[7] 全国造价工程师职业资格考试培训教材编审委员会. 建设工程计价[M]. 北京：中国计划出版社，2019.
[8] 艾冰，陆勇. 公路工程施工组织与概预算[M]. 北京：高等教育出版社，2016.
[9] 赖雄英，郭俊飞. 公路工程造价编制与应用[M]. 北京：人民交通出版社，2018.
[10] 余素平，万铜岭. 公路工程定额与造价[M]. 北京：科学出版社，2015.
[11] 高峰. 公路工程造价实务[M]. 北京：北京理工大学出版社，2018.
[12] 高继伟. 图解公路工程工程量计算手册[M]. 北京：机械工业出版社，2009.
[13] 王祥琴，张永满. 公路工程定额与概预算[M]. 北京：人民交通出版社，2013.
[14] 张雷. 工程造价法律实务：108 个实务问题深度释解[M]. 北京：法律出版社，2017.
[15] 交通运输部职业资格中心. 交通运输工程造价案例分析公路篇[M]. 北京：人民交通出版社，2021.